Lighting Notebook of
Garden and Residence

庭院与住宅
照明设计手册

（日）花井架津彦 著　　杜慧鑫 译

化学工业出版社

·北京·

LIGHTING NOTEBOOK OF GARDEN AND RESIDENCE
© KAZUHIKO HANAI 2020
Originally published in Japan in 2020 by X-Knowledge Co., Ltd.
Chinese (in simplified character only) translation rights arranged with
X-Knowledge Co., Ltd. TOKYO,
through g-Agency Co., Ltd, TOKYO.

北京市版权局著作权合同登记号：01-2021-0105

图书在版编目（CIP）数据

庭院与住宅照明设计手册 / (日) 花井架津彦著；
杜慧鑫译. — 北京：化学工业出版社，2021.5（2024.2重印）

ISBN 978-7-122-38745-5

Ⅰ. ①庭… Ⅱ. ①花… ②杜… Ⅲ. ①住宅-照明

设计-手册 Ⅳ. ①TU113.6-62

中国版本图书馆CIP数据核字(2021)第049341号

责任编辑：吕梦瑶　　　　　　　　　　　　　　　　　　　　装帧设计：金　金

责任校对：刘　颖

出版发行：化学工业出版社（北京市东城区青年湖南街 13 号　邮政编码 100011）

印　　装：北京军迪印刷有限责任公司

787mm×1092mm　　1/16　　印张 8½　　字数 200 千字　　2024 年 2 月北京第 1 版第 7 次印刷

购书咨询：010-64518888　　　　　　　　　　　　　　　　　　售后服务：010-64518899

网　　址：http://www.cip.com.cn

凡购买本书，如有缺损质量问题，本社销售中心负责调换。

定　　价：98.00 元　　　　　　　　　　　　　　　　　　　　版权所有　违者必究

序言

由于我一直在从事给树木打光的工作，不知不觉中就被人叫作"庭院树太郎"了。

虽然住宅照明设计大多集中于室内，但是，我通常会在考虑外部建筑和造园在内的整个住宅的基础上给出照明方案。正如"室内照明"和"室外照明"这两个词，我们在进行照明设计时也要从室内和室外两个部分进行综合考虑。

这两个部分不是"泾渭分明"，而是"有机融合"。当你同时考虑室内和室外两个部分时，就会注意到衔接这两个部分的中间领域。这里既有像檐廊一样舒适的空间，也有可供眺望美景的轩窗。在这个相互融合的地方施以灯光的话，就可以将两个部分巧妙地融合在一起。

如果放任不管，到了夜里庭院就会一片漆黑——没有光线的话什么也看不见。在黑暗的"画布"上用光线描绘出美景是我工作的一部分。在那里，由树木组成的景色是不可或缺的。那么，到底是选择常绿树还是落叶树，或者是选择多干型树还是单干型树呢？树木也拥有自己的个性。我总是在思考，怎样在黢黑的夜里呈现出最美的光。

如果是在夜晚的室内，肯定会优先考虑物品的辨识度，并用照明加以提亮。此时，在明亮的房间里无法透过窗户眺望到外面的风景。因为当室内外的亮度失去平衡后，窗户就会变成镜子，从而切断景色间的联系。这种情况下，只要调暗灯光，户外景色便能清晰可见。

通常，黑暗和阴影不怎么受人们的欢迎。但是，照明设计师的工作是对其加以利用，以求获得意想不到的效果。为了获得这方面的成功，就要拼命解读每处住宅的设计图，认真观察庭院里的每株植物，认真地安装每一盏照明灯具，从而完成住宅的照明设计。

用灯光把家和庭院连接起来，使黑夜变得多姿多彩，这正是我编写这本书的初衷。

花井架津彦
（大光电机）

目录

5

6

设计：There There
插画：堀野千惠子

1

初识照明
Beginning

連接庭院和住宅的灯光

从钢柱上大幅延伸而出的混凝土板。这是一座被树木环绕的令人印象深刻的建筑，其室外照明采用地射灯。当灯光打在树木上，在照亮树叶的同时，也将树影投射到由混凝土板制成的顶棚上，呈现出独特的美。由于开口部（门窗）很多，所以室内外的灯泡采用了统一的色温（2700K），从而使室内外融合在一起。

【照片：稻住泰广】

混凝土板、室外楼梯和钢柱、庭院树木的对比组成了令人印象深刻的中间区域。屋檐下安装的特制照明灯具，在Ｖ字形钢柱附近形成光影，突出了建筑结构。

[照片：稻住泰广]

4

从室内透过落地窗望向庭院。由于室内使用的是不会反光的偏光筒灯，所以可以清晰地看到庭院中郁郁葱葱、错落有致的绿植。

餐厅采用了抑制眩目感的偏光筒灯。为了实现与室内装饰的一致性，特意把灯具涂成和顶棚板材一样的颜色。

榻榻米房间的墙壁和顶棚采用了灰色，以减弱空间中的投影。院子中的光线自上而下投射到较矮的绿植上，在降低光线重心的同时将室内的灯光引出来，从而使内部光线与庭院景色融为一体。

[照片：稻住泰广]

住宅的暗度和生活

"亮即好，暗则坏。"

住宅照明设计大多是基于这个原则进行布置的。建筑家宫胁檀说："在任何角落都能看清报纸上的字，这是日本对于亮度要求的常识。"LDK ❶自不必说，就连玄关、走廊和厕所也不例外。业主总是希望在家中的任何地方都能看清小字，就算是不起眼的墙角处也希望能充满光明，否则会没有安全感。

当房屋设计师以及室内装饰设计师在谈论到房屋照明的话题时，其观点总是惊人的一致——两者都认为"夜晚的照明还是暗一点比较好"。我经常感受到"业主所追求的亮度"和"设计者所推崇的亮度"之间存在差异。针对这种认识上的差异，有人认为业主目前认定的亮度就是适合的亮度，只要维持现状就没有问题。这种亮度是指荧光灯释放出的明亮的白光。

在日本，具有代表性的照明方式是"一室一灯"，对此我并不否认。这种方法不仅可以控制成本，而且可以使整个空间都变得明亮。此外，其电气工程也很简单。而且，由于这是大家都习以为常的亮度，所以对于这种照明方式几乎没有人抱怨。另外，灯具的更换方式也很简单。但这么做仅实现了照明设计最基本的功能，即"可以保证夜间行动和视觉所需的亮度"。

宫胁檀说过这样一句话，"荧光灯是'经济餐'，白炽灯才是'佳肴'"。一味追求明亮的荧光灯，使光洒满每个角落，和只为获得饱腹感的"经济餐"的功能是一样的。与此相反，控制了光量的白炽灯虽然让人得不到"饱腹感"，却如"佳肴"般，可以带来夜晚的舒适感和满足感。虽然 LED 灯成为现今人们普遍使用的光源，但对于住宅照明来说，可能仍然停留在"经济餐"的水平上。

对于住宅来说，肯定黑暗的时间和空间是必要的。但也存在着"不好的黑暗"和"舒适的黑暗"。造成视觉障碍的肯定是"不好的黑暗"，以此为代价让夜晚的居住空间变暗，不得不说是照明设计的失败。抑制过盛的亮度和令人不愉快的眩晕感，用温暖的灯光营造光影兼具的黑暗，这样"舒适的黑暗"就会使夜晚变得丰富多彩。试想一下，"在户外客厅跟合得来的朋友聚餐""在淡淡的灯光下和重要的人共饮""关掉室内的灯，欣赏电影和庭院的景色"。当人们在夜晚寻求让心灵平静的空间时，总会无意识地追求黑暗，利用影子在人与人之间创造出适当的边界。"明亮是好的，黑暗也是好的"。

如果可以容忍黑暗，积极地营造环境，那么夜晚居住空间的品质肯定会相应提高。

---

❶ 译者注：LDK 即客厅 (L)、餐厅 (D)、厨房 (K)。

夜晚内外相连的庭院式住宅

　　图中为被质感丰富的石砌墙包围的中庭和由杉木护墙板打造的跃层庭院式住宅。因为庭院被墙壁包围，所以受光面很多。安置在高处的射灯散发出像月光一样的自然光，将庭院映照得异常美丽。另外，室内地板上没有设置照明灯具，而是通过间接照明的方式照射杉木顶棚和二楼的墙壁，以保证空间的亮度。该方式既考虑到室内外亮度的平衡，又营造出空间的广度和深度。

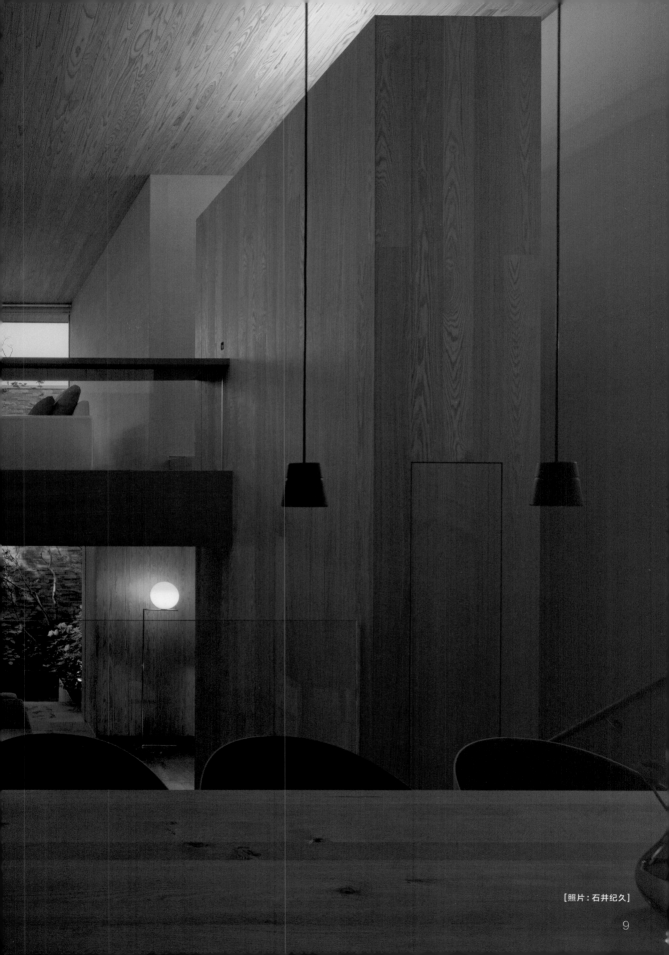

被照亮的中庭。来自高处的光线透过落叶树的叶子映入眼帘，同时使用地射灯，将树木的轮廓投射到屋檐上。

四个小吊灯连续排列照射的餐桌。考虑到就座时的视线等因素，把吊灯的悬挂高度（灯具下面的高度）设定为距离桌面上方680mm。

夜晚的客厅。在调低室内亮度的同时，也要调高庭院的亮度。落座后，视线会被自然地引向观景窗外的树木、杜鹃花和石砌墙。聚集光线下的沙发纹理也很美。

[照片：石井纪久]

2

室外照明
Exterior

用室外照明塑造美丽的街道

住宅的室外照明主要包括门柱灯、玄关门廊灯和路灯。如果有了这三大"神器"一般的照明灯具，那照明设计就差不多算是完成了。与此同时，也要考虑到住宅附近和街道的环境，才能打造出美丽的街道夜景。这既是照明设计师的工作也是责任。但是，室外照明设计真的很难。因为无论怎样打光，黑夜都不会变亮。人只有在光线投射到"某些物体上"并形成反射后，才能感知其亮度、形状和颜色。

因此，"照亮什么"就变得尤为重要。只简单地选择照明灯具是没有办法营造出美丽的街道夜景的，随便照射外墙和车棚更不会产生美感。景色会随着被照射的物体的不同而产生很大变化。在提高住宅质量方面，绿植是一个非常重要的因素。其不仅能够改变街道景色，还能打造美丽的景致。

当照射树形优美的树木时，叶子起到了反射板的作用，使其在黑暗中浮现出来。利用这样的连续照明就能塑造出美丽的街景。

在提出照明方案时不是只着眼于一户住宅，而是在综合考虑周围环境后再给出方案。这就是我的设计宗旨。

由门柱灯、玄关门廊灯和路灯构成的室外照明。虽然满足了使用功能，但是缺乏景观的魅力。没有树木的庭院景色让人倍感冷清。

室外照明·新三大"神器"

① 通用筒灯

屋檐下的筒灯将灯具的"存在感"降到最低，并有效地提升被照射物体的存在感。通用筒灯还可以调整照射方向，呈现出良好的照明效果。

别墅区的室外照明。灯具色温全部统一为 2700K，以使树木突出于建筑；从窗中透出的光亮也是暖色。抑制着亮度的夜景，营造出绝无仅有的美丽街道。

② 地射灯（插地式）

射灯易于调整与被照射物的位置关系。因为能选择配光角度，所以可根据被照射物选择最佳的光线。

③ 庭院灯

庭院灯有助于在景观周围营造柔和的光团。考虑到白天的景观效果，应尽量选择袖珍的灯具。

"多干型树"和"单干型树"

将树木按照树干造型进行分类的话，大致可分为"多干型树"和"单干型树"。从一个根分出多个枝干为"多干型树"，树干单枝无分叉为"单干型树"。

如果照亮多干型树，由于树干的受光面很窄，光线会从缝隙中穿出并与黑暗融为一体。从树干间隙透出的光刚好可以衬托树叶的美。

如果照亮单干型树，树干越粗就越容易遮挡光线，从而产生阴影；密集的树叶和树枝会让光线无法透出。这种情况下，不要用灯光照射树干，而是要像从外边抚摸树叶一样打光。

不能盲目地把树木当成一个整体考虑，而是应在理解其特征的基础上考虑照明方式，这样才能打造出美丽的夜景。

多干型树

当灯光照射到树干细长的多干型树上时，则突显了它的纤细美。如果灯光洒满像青栅般叶子很小的树，就更增添了一分美。

多干型树 单干型树

多干型树和单干型树的比较。其树干、树枝和树叶的交织形态大不相同。

单干型树

树干的粗壮被突显出来，毫无美感可言。而且因为叶子过于密集，导致光线无法穿透，从而产生黑影，很难被照亮。

如果用地射灯从背面照射铁树的话，其粗壮的树干就会形成阴影，让人感觉阴森森的。

同样是单干型树，但由于竹子的树干很细，叶子也很细，所以很容易被光线穿透。用地射灯照射的话，更能突显其美感。

当遇到枝干粗壮、叶子密集且难以透光的单干型树木时，如果从外侧照射就可以照亮整棵树。要想做到这点，需要让照明灯具与树木之间保持一定距离。

"常绿树"和"落叶树"

树木品种不同，其叶子的大小和厚度也不同。

一般来说，落叶树的叶片较薄，呈浅绿色。在光线的照射下，会像纸拉门上的糊纸一样透出柔和的光。

而常绿树的叶片很厚，光线很难穿透。如果照明方式使用不当，就会在建筑物的外墙和围墙上投下浓厚的阴影，从而导致影子喧宾夺主。

希望大家能够了解，常绿树树叶的正反面是不一致的。其被太阳直射的那一面拥有漆器般的光泽，被称为"发光的叶子"，它可以像反射板一样适度地反射光线。因此，适合从上方照亮树叶表面。

透光的树叶和反光的树叶。即使照明方式相同，如果树叶种类不同，那么景象也会有很大不同。对树木进行打光其实也可以说是对树叶进行打光。

落叶树（青桃和小羽团扇枫）从上向下照亮。穿透树叶的光线很美。

常绿树

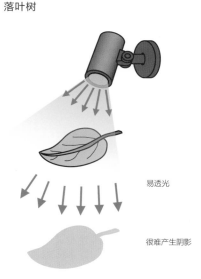

反射光
（表面有光泽）

光线很难透过

容易产生阴影

叶片厚，表面有光泽，反射光后树叶看起来很明亮。因为难以透光，所以容易产生阴影。

落叶树

易透光

很难产生阴影

由于叶片很容易透光，所以不容易形成影子，从而给人一种柔和的印象。

　　落叶树的照明最能让人感受到四季的变化。像青栅那样多干且树叶密度小的树木，只要让整株树受光就会呈现出非常美丽的姿态（左），即使是落叶时节也能欣赏纤细的枝干（右）。

　　如果在光线难以穿透的常绿树树叶表面打光会有很不错的效果。照片中是对山茶的照明，受到光照的树叶会像"发光的叶子"一样熠熠生辉。

　　从下方照射像日本荚蒾这类树叶较大的常绿树时要注意影子，过度照射叶子的背面会不好看。

适度间隙可以衬托庭院树木之美

树叶的密度在很大程度上决定了树木的外观。密度的不同也会使光的流动方式和延展方式产生很大变化。

第 18 页是对橄榄树（常绿树）的地射灯照明实例。如果将地射灯靠近树木并从根部照射的话，光线就会因无法流通而停滞在枝干下。遇到常绿树树叶十分茂密的情况时，把地射灯设置得离树木远些比较好。如果把光线投射到树木的表面，整棵树就会变亮，橄榄叶上会泛起银色的光辉。

第 19 页为树叶稀松的落叶树，可以在其树根附近设置地射灯来照明。树中裹着光，整棵树都沐浴在柔和的光芒中，气氛非常好。

最后，应根据需要来调整树叶的密度，即进行"修剪"。适度的修剪能在树木中制造一些间隙，使光线更容易循环。

△ 光线倾泻在树干上

○ 让灯具远离树木，把光打在叶子上

△ 之前

○ 之后

要点

通过调整地射灯的位置和方向，树木的照明景象会发生相应变化。为树叶密度大的树木打光时，将灯具远离一些，光线就会照射到树木整体，产生明显的亮感。

在地射灯照射下的小羽团扇枫（多干型树）。由于进行了适度的镂空修剪，所以光线遍及整棵树。

将地射灯安装在外墙旁

提起室外照明，就不得不说到地射灯这个非常有代表性的照明灯具。从下往上打光是室外照明的常用手段。但是，如果灯具安装错位置，就会失去其照明效果。

一般来说，会把灯具安装在树木的前面，然后将光线打到建筑物或围墙上。但这种方法也有弊端，因为它很容易在建筑物或围墙上投射出巨大的树影——这种不自然的影子在自然界中是不存在的。

将地射灯在树木和建筑物或围墙之间来回移动，确定影子消失时地射灯的位置，然后将地射灯安装在该位置，以突显庭院树木原有的美。如此一来，外墙就会变得格外美丽。因此，就把地射灯安装在外墙旁边吧。

△ **从前方照树木**

如果从前方用地射灯照射靠近外墙的树木，其投射到外墙上的影子就会比实际树木大得多，甚至会覆盖整个外墙，非常碍眼。

○ **从后方照树木**

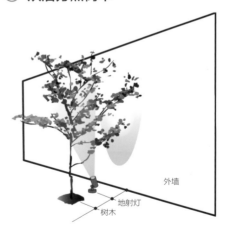

如果将地射灯设置在树木背面，就不会在外墙上留下树影。由于人们能够清楚地观赏到树干和树叶，所以夜晚的景观看起来很美。

精心投射出的树影美轮美奂（见第63页）。

让树木充满魅力的光和背景

让我们来思考一下地射灯的配光角度吧。树木的外观会因配光角度的不同而发生变化。对于树叶稀疏且枝干延展空间大的落叶树，推荐使用宽配光（30°～60°），这样可以照亮整株树木。

如果想照到树叶茂密的常绿树及高树的顶部，推荐使用窄配光（10°～20°）。让光线集中于树木，就可以照亮树木的顶端。

外墙的颜色也是一个重要的因素。如果把外墙涂黑（变暗），外墙就会因为吸光而隐匿于黑暗中，这样，黑暗中的葱翠树木就会格外显眼。

如果把外墙涂白（变亮），墙面就会因为反射光而产生多余的影子和光线，无法突显树木的美。如果只钟情于树，那就把外墙涂黑吧。

外墙涂成深色。具备吸收光线效果的深色可以消除投射在外墙上的树影。

使用窄配光（10°）的地射灯照射树木，虽然可以把光投到很远的地方，但是因为是不发散的光，所以树木只是部分变得明亮且明暗差异很大。

如果使用宽配光（60°）的地射灯，则整个树形都会被光包围，很容易看清树木整体。

使用地射灯并以
30°的配光角度照射青
栅。由于外墙是深色的，
所以即使将灯光打在外
墙上也不会出现树影。

营造树木的跃动感

树姿可谓是千姿百态，既有像尺子一样笔直的树，也有枝干富有跃动感的树。

向阳生长的树木可分为正面和背面，其姿态会因观察者的位置和角度的不同而有所变化。我们把这种难以言喻的树的风貌、势头和气息合称为"意境"。

构成"意境"的不只是树木，其包含构成庭院的所有素材，如外墙的颜色、石头的组合等。树木的照明必须在充分考虑"意境"的构成要素的基础上进行布置。

灯具最好选择配光角度为窄角的射灯。其不仅可以照亮枝叶前端，而且能创造出适度的阴影。

照明能够把部分"意境"突显出来，比如树枝伸展的气势，舒展的树叶上跃动的光等，使空间充满情调。

白天的风景。阳光透过天窗布满整个空间。虽然建筑空间内有阴影，但光在山矾和肉桂之间流转，极具情趣。

通过地射灯来展现"意境"。在树干附近安装地射灯（窄角配光），使光线照亮树枝的前端。

特意将射灯的配光角度设置为窄角。通过仅照射树木顶端来突显"意境"。

照明设计中要有意
识地营造"意境"。通
过照亮树木的顶端，营
造出充满生命力的庭院
景色。

不要用藏地灯照多余的东西

"需要的不是'照明灯具',而是'光线'。"

这是在照明和建筑行业中经常听到的冠冕堂皇的说辞,实际上,我也经常在演讲中提到这句话。即使是在室外照明中,如果问其照射幅度是否够宽、高度是否够高等问题,最后总会提到"藏地灯"。因为被埋入地面,所以毫无疑问,可以降低照明灯具的存在感。

但是,藏地灯真的可以呈现出漂亮的"光线"么?这种灯具其实是意想不到的"恶作剧"。
• 本想照亮建筑正面的外墙,却只照到了建筑地基和勒脚。
• 本打算照亮屋檐下的顶棚,呈现其美感,结果正门信箱的投影却成了主角。
• 墙壁受光良好,光线很美,但是照明灯具和地板接缝不齐。

虽然隐藏了灯具,但是由于把建筑物中不想示人的部分照亮了,照明设计中的"疏忽大意"也被一并暴露出来。

藏地灯与没有缝隙的精致建筑很相称。

用藏地灯照亮建筑地基、勒脚和雨水管的例子。不想示人的部分反而得以呈现。

因过度在意照射面(墙壁),从而导致藏地灯和地板接缝不齐的案例。其不仅工序烦琐,而且外观不佳。

玄关门廊照明的失败案例。原意是要照亮墙壁和顶棚,结果最引人注目的反倒是设计中被疏忽的信箱影子。

[照片：富田英次]

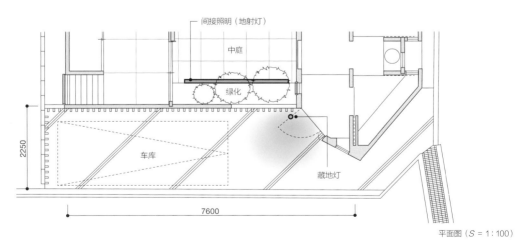

间接照明（地射灯）

中庭

绿化

2250

车库

藏地灯

7600

平面图（S = 1：100）

　　图中，只需一盏藏地灯就照亮了整个入户空间。除了将藏地灯安装在靠近入户门的位置以确保其功能外，还用集聚的光线照射屋檐下的顶棚和与墙壁融为一体的入户门。在这样的照射下，整个入户空间显得非常漂亮。而且因为地板已经提高到和勒脚一样的高度，所以也不会产生像第 26 页那样的失败现象。

用光营造美丽且令人印象深刻的过道

如果人的视线前方是明亮的，就会产生"安心感"，从而放心前进；如果视线前方是黑暗的，就会产生"不安感"，导致裹足不前。人往往会被吸引到明亮的地方。

在布置玄关过道的照明时，如果能考虑到人的这层心理，运用"诱人的光"和"突显空间立体感的光"，就能营造出美丽且令人印象深刻的过道。

［照片：石井纪久］

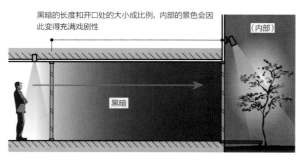

黑暗的长度和开口处的大小成比例，内部的景色会因此变得充满戏剧性

（内部）

黑暗

如果想要突显内部空间的话，就要鼓起勇气创造"黑暗"

诱人的"热带稀树草原效应"

在玄关的长过道内制造黑暗时，要在视线和动线的前方确保明亮度和景色。这种明暗的对比越大，越能产生富有"安心感"的"令人印象深刻"的景色。由明暗差引起的这种心理活动，因"从黑暗的森林跑向热带稀树草原"这一比喻而被命名为"热带稀树草原效应"。此时，黑暗成为配角，将视线前方的庭院衬托出来。如果特意营造出在室外照明中不被肯定的"黑暗"，那么照亮树木深处的射灯就会成为一线光明。在玄关过道的呈现中，因为有"配角"的存在，"主角"才被衬托出来。

[照片：富田英次]

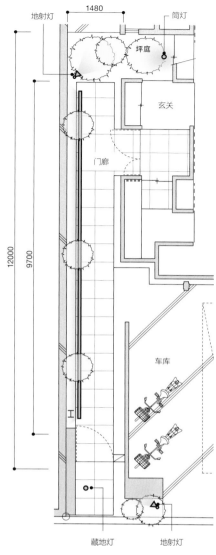

平面图（S = 1∶100）

在约 12m 长的过道上设置地射灯间接照明。

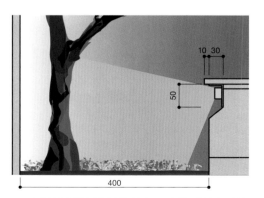

在凸起的混凝土侧面安装小型 LED 灯带，将地表、树木和围墙照亮。

利用"远近法"展现空间

通过建筑物外墙和围墙营造空间的长度。路面的一侧安装了灯带，虽然在白天无法感受到它的存在，但到了夜晚则别有一番景象——灯光从脚下渐次展开。间接光线在照射树丛的同时，其反射光会被外墙和屋檐挡住。向远处延伸的线性光像描绘透视图（远近法）的线条那样，将空间立体地呈现出来。在照明设计中也灵活地运用绘画技术中的"远近法"演绎出深度。这种光线赋予过道一种美感和安心感，成为指示目的地的路标。

不等边三角形的审美

配置树木时通常遵循不等边三角形规则。即同种类的树木不是等距排列，而是在品种、高度、配置上加以变化，故意使其不均匀。这样可以展现一种没有人造感的日式造园观念。

在进行庭院照明设计时要有意识地仿照这个规则。在外部设计图中，按照不均匀的三角形来设置照明灯具，以照射庭院树木和建筑结构。还要区分照明灯具的种类和配光，设置高低差，在确保空间设计感和安全性的同时，让夜晚的庭院营造出深邃感、立体感和安定感。可以通过改变各顶点的灯具种类和被照亮的树种来呈现不统一性，从而使夜晚的庭院更加美丽。

由各种不同高度和形状的树木构成的室外景色。

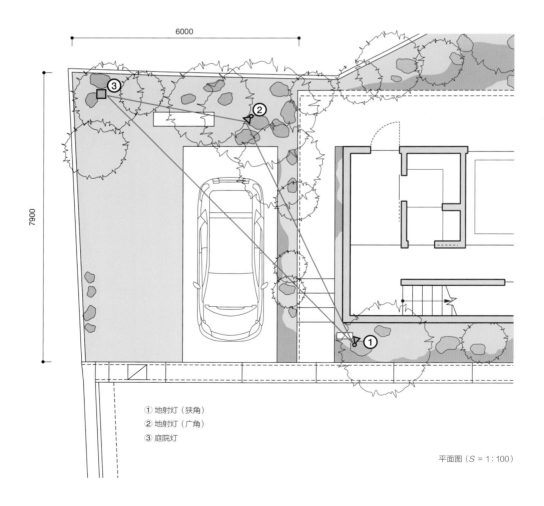

① 地射灯（狭角）
② 地射灯（广角）
③ 庭院灯

平面图（$S = 1:100$）

上 / 庭院灯和地射灯的组合设
计。由于地射灯的光线照亮了树木
上方的叶子，使整个外观产生了立
体感，景色也变得异常生动。

下 / 仅依赖庭院灯的室外照明。
由于光的节奏十分单调，导致夜景
缺乏魅力。

专栏

影子在光的背面

图中为能乐中使用的面具。作为能乐面具之一的"女面",由匠人精工雕刻而成,仅用一个面具就能表现出喜怒哀乐。

在照明术语中,从下方照射的灯叫作"地射灯"。沉入地平线时的太阳光(自然光)是不会从下方照射人脸的。

左图为在自然界中看不到的、被来自下方的光照射的"女面",给观赏者带来了不安和恐怖的感觉。产生这种感觉的原因在于从下往上延展的"影子",其与日常生活中的影子方向完全相反。正是因为在自然界中看不到来自下方的光,才能产生不同寻常的表现和令人印象深刻的效果。照明设计师的工作就是操控光线呈现光亮。换句话说,就是在光的背面创造美丽的影子。

【自下而上的光和朝上的影子】

【来自正面的扩散光】

3

庭院照明
Garden

用"自然的月光"照亮庭院树木

经过对庭院树木和灯光关系的研究，最终得出一个非常简单的结论，即庭院里的树木在自然光线的照射下会显得格外美丽。

夜晚的自然光就是纤细的月光，光线自上而下地倾泻下来就会显得比较自然。然而，庭院照明大多是自下而上的光，这是因为大部分照明灯具都安装在地面上，光的方向会上下颠倒，影子的方向也自然会随之颠倒，导致看东西的感觉不自然。

为了使光线能够自上而下地自然投射，可选择在建筑物的外墙上安装射灯的手法。但是，一旦住宅外部施工开始后，就不能再在外墙上安装照明灯具了。所以在建筑设计的开始阶段就要考虑到庭院照明，把在外墙的最佳位置安装射灯当作建筑工程的一部分。

根据庭院的灯光是事先考虑还是事后考虑的不同，光和影的方向会发生变化，庭院夜景也会因此产生戏剧性的效果。自然美丽的夜景到底是哪一种自然不必多说。

△ "自下而上"的光

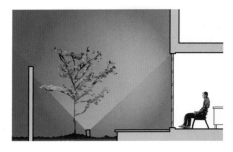

用地射灯从下方为树木打光，就会使树木从黑暗中浮现出来。但是除了树木以外，灯光只照到了空气和部分墙壁，所以明亮感会有所欠缺。如果是清扫窗❶的话，就会从室内看到光源。

○ "自上而下"的光

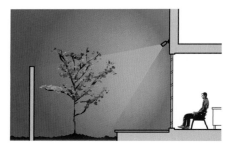

从高处用射灯往下照射树木时会产生明亮感，人可以清晰地看到整个树木、地面，以及庭院里的石头或小石子。由于在室内看不到光源，所以视线都被集中于庭院中。

❶ 译者注：通常把垃圾从这里扫出去。

庭院的配光从高处着手

　　要有意识地把庭院照明设置在高处。有时，也会把射灯安装在二楼外墙上部。这样做，灯光就会像月光一样从高处流淌下来，既能起到修饰作用，又能避免在室内看到射灯。如果安装位置低的话，由于灯具倾斜角度过大，就会让人产生好像被落日直射一样的眩目感，而且影子也会被拉长、直达脚边，从而影响呈现效果。

　　将射灯安装在较高位置时要注意以下三点。

　　·应在不给邻居造成眩光困扰的地方安装灯具。此外，还应使用抑制眩光的灯具和遮光帽。

　　·应安装在不会破坏建筑物外观的地方。

　　·应安装在易于调整和维护的地方。

　　照明灯具不必局限于射灯，如果有屋檐的话，使用偏光筒灯也是一种不错的选择。减弱灯具的存在感就不会破坏建筑物的外观美（见第 38 页和第 39 页）。

上 / 如果射灯的安装高度过低，影子的延伸就会显得很不自然，也无法营造出柔美的如月光般的氛围。

下 / 透过窗户就能看到光源。

射灯应尽量安装在高处

△ 低处

在一楼窗户上部安装射灯的案例。由于光线没有充分照到树木的枝干和叶子，照射范围也相应变窄。

○ 高处

在二楼屋顶位置安装射灯的案例。由于光线充分照到树木的枝干和叶子，照射范围较广且能充分保证地面亮度。

利用屋檐从高处用偏光筒灯照射

上图为和客厅相连的中庭，可以看到中庭像是被月光照射一样分外美丽。

左图为从上面照射小羽团扇枫的场景。由于整棵树都被灯光所笼罩，所以无论从哪个角度看都能欣赏到美丽的景色。

图中为用高功率偏光筒灯照射近 6m 高的小羽团扇枫的案例。该植物为落叶树，叶片较薄，而且被打薄过，所以从上方照射的光可以透过树叶落到地面上，整棵树被间接光一样的柔光映照得格外美丽。因为使用了偏光筒灯，所以当抬头观赏小羽团扇枫时，即使光源映入眼帘也不会感到刺眼。而且因为偏光筒灯安装在屋檐下，所以即便使用了全景落地窗，也不会从室内看到光源。

提高庭院式住宅照明的舒适度

庭院式住宅是建筑样式的一种，指包含中庭（被建筑物和围墙包围）的建筑物。因为被多面墙壁包围，所以受光面很多，其照明设计的自由度也很高。因为中庭完全和外界隔绝，所以不会给邻居带来困扰。

如果是庭院式住宅，多在二楼的高处安装射灯。由于从二楼到地面有一定距离，所以最好选择光线强的灯具。但是，必须避免在墙面上留下明显的阴影。在右上角的照片中，因为光线打在与树木互不干涉的墙壁上，所以既能确保没有影子又能保证亮度。而在右下角的照片中，树木的影子被明显地投到墙面上。如果影子突显出来的话，树木就不显眼了。为了不让影子突出，需要现场调整灯具的方向。

第 41 页中是用射灯照射青栎和小羽团扇枫的案例。两种树都是叶片较薄的落叶树，所以光线从高处洒下的话，会透过叶子慢慢扩散，异常美丽。

虽然灯具的安装位置越高越好，但也要考虑到维修和防止光照影响到邻居的问题。

上 / 光线打在与树木互不干涉的外墙上就不会产生影子。

下 / 如果墙面上的树影过于明显，就会喧宾夺主，被照亮的树木反而变得不起眼。

图中为被石砌墙包围的中庭。在二楼外墙（阳台）的一角安装了两台高强度射灯以照亮墙壁、树木和地面，营造从室内眺望庭院的美感。从上方投射的光线透过落叶树的树叶，将树影和光柔和地洒落在墙壁和地面上。

连接庭院和室内的中间区域照明

受阳光、雨水和风的流动等影响发展而来的日本建筑特征——长长的"屋檐"。屋檐下是连接室内和室外的中间区域，是一个"模糊"的空间，以前叫作"檐廊"。

近年来，"檐廊"也被改称为"户外客厅"或"院子"，但无论是室内还是室外，作为丰富利用空间的屋檐，其优点被人们重新审视。然而到了夜晚，中间区域就会被室外的黑暗吞没，与室内截然分割。想将其像白天一样作为明亮且模糊的空间加以利用的话，光线是必不可少的。要形成夜晚的中间区域就必须同白天时一样，把室内当作近景，屋檐作为中景，外部建筑和庭院作为远景，在这三个领域中点亮灯光。

通过统一近景和中景的灯光亮度和光线质量，从而使内外连接，产生整体感。远景可以通过灵活利用射灯等来捕捉庭院中的树木等景色，从而进一步提高连续感。

使建筑物和外部的界限变得模糊的灯光构想非常契合日本的建筑和文化。

通过照亮阳台上的户外餐厅，使内外空间产生整体感。

[照片：河野达郎]

图中为明治时期建造的著名数寄屋建筑——"卧龙山庄"。由茅草铺成的大屋檐和檐廊形成建筑的中间区域，连接着"一是之间"和青翠苍郁的庭院。

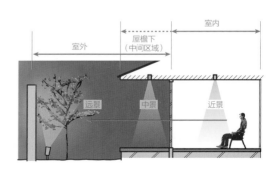

在中间区域的照明设计中，光线和室内统一是很重要的。统一的光线能使内外界限变得模糊，给空间带来整体感，同时能使视线很自然地在近景、中景、远景三者之间移动。

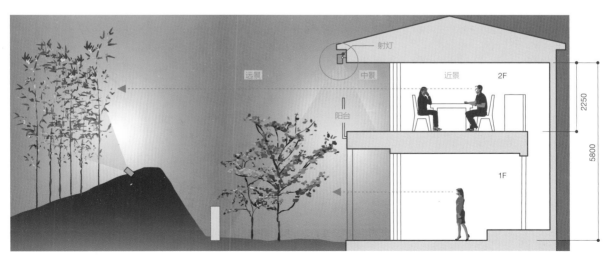

剖面图（$S = 1 : 120$）

　　设计中用安装在屋檐上的射灯来确保阳台的地面照明，并且通过同时照亮中间区域（阳台）以提高室内外的连续性。这样做不仅给空间带来扩展感，也会使人的视线自然而然地落到前方的景色上。

在中间区域描绘美丽的光与影

连接室内外的中间区域既是界限模糊的空间，也是明暗分界线。

如前所述，在中间区域设置照明对于连接室内外空间来说是非常有用的。但是考虑到实际生活场景，如果不在中间区域做太多的工作，就不需要将其设计得像室内那样明亮。为了彰显中间区域的魅力，不但要设计光线，还需要巧妙地利用影子。

大多数中间区域是由地板（室外亭台与瓷砖）和屋檐构成的空间。即便有光线打到地面上，也不会感觉很亮，因为人的视线里不存在能够受光的物体。因此，建议可以特意放置像椅子、花盆等有"高度"的物体。这样通过照射物体，不仅能让物体受光看起来更明亮，而且会产生影子，给空间带来阴影。

物体在受光后会反射光线，因此物体的形状会在黑暗中显现出来。聚集的光能描绘出美丽的阴影，散射的光能展现出美丽的明暗，产生明暗交错的美景，这种美只有在与黑暗相邻的中间区域才能欣赏到。

照亮中间区域的桌椅。家具受光后，连廊空间便产生了纵深感和立体感。

森林里的山路。阳光透过树叶形成的光与影构成柔和的对比，地面上的光斑令人印象深刻。

[照片：河野达郎]

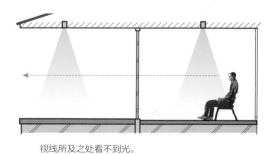

视线所及之处看不到光。

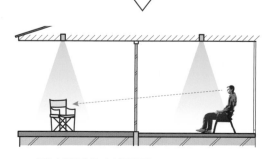

只有有受光物体时才能看到光。

用台式射灯照射盆栽中的树木，来自下方的光线照射出的光景难得一见。

在屋檐下安装通用筒灯进行照明，为盆栽覆上一层阴影。在光线中浮现出来的影子令人印象深刻。

为了衬托庭院内部的景色，中间区域抑制了照亮地面的光线，将视线引向远处的美景（见第 86 页）。

在水镜中投影庭院的美景

景色映在水面上的现象叫作"水镜"。如果人靠近水面看，就会发现自己的脸映在水面上。相反，如果远离水面看水，就看不到自己的脸，水边的物体会以上下反转的状态倒映在水中。

要将水镜中的情景在夜晚的庭院中演绎，其关键是不要照射水面，而是把光线照向想要映射的对象（景色）。可以用射灯照射水池附近的树木。要让树木倒映进"水镜"里，就需要将配光角度设为广角，要点是让光照射到整棵树木。照射的面积越大、范围越广，就越梦幻。

水镜是非常细腻的景色。用强光照射水面的话会产生反射，水镜现象就会消失；而当风吹皱水面，水镜就会产生歪斜。

水和光相得益彰。清澈的水面不是透明的，而是成为一面镜子。在住宅内眺望映在水镜里的树木，每天都有新的光景。

［照片：无用之景］

建于平安时代的"平等院凤凰堂"。因为矗立在池塘的中岛上，灯火辉煌的建筑物才得以映于水面。灯光映照下的夜景十分壮丽，与秋天遍披红叶的树木一起创造出梦幻般的世界。

将光线照射到水面上的话，投影就会消失

使用射灯和庭院灯大范围地照射树木和地表

如果强烈的光线照射到水面上，水镜就会消失。

在宽度为 2.1m 的水池边设置了绿化带，用地面上设置的射灯照亮树木。多干型树独有的纤细线条倒映在水面上，着实美丽。

[照片：平林克己]

融入水的灵动

当光线照射到随风荡漾的水面上时，其反射的光线就会在屋檐下映出水波的纹路。

这种波纹的呈现不仅非常纤细而且很困难。即使把强光投射到静止的水面上也不会产生摇曳的光斑。想在指定地点产生摇曳的光斑的话，就要注意光的照射角度。

晴天，强烈的阳光就是聚集的光线，很容易营造出反射的光影。阴天，微弱的阳光是发散的光线，由于没有阳光的直射，所以不太可能出现反射。

在夜间营造摇曳的光影时，应尽可能选择光照强、聚光性好的照明灯具来照射水面。从室内向外眺望时，必须大幅降低房间的亮度。当然，调光器是非常必要的。只有这样才能营造出水光摇曳的纤美景色。

【图片出处：内阁府迎宾馆网站】

"迎宾馆赤坂离宫和风别馆"中，无论是顶棚还是透过窗户看到的庭园都令人印象深刻。当阳光洒到屋檐下的池塘里，走廊的顶棚上就会映出摇曳的水光。这种日式情趣能够治愈人的心灵。

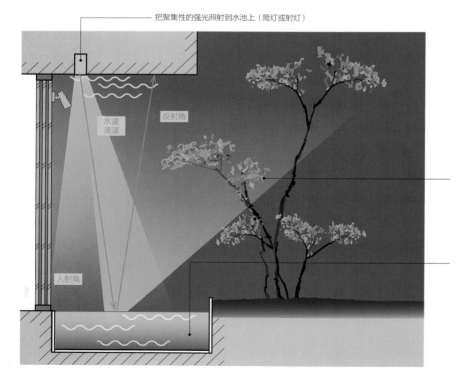

把聚集性的强光照射到水池上（筒灯或射灯）

水波荡漾

反射角

入射角

在水池反射光线的照射下，树叶微微发亮

水池（需要是水波荡漾的）

使用可以聚集强光的通用筒灯照射水池，使其反射光线投影在屋檐顶棚的杉木板上。投影摇曳水光的面材中，浅色比深色的效果更好。

[照片：平林克己]

49

突显汽车剪影的光

赋予"脸""轮廓"和"光泽"魅力。这是一种形象的说法，它指的并不是人，而是说汽车照明的要点。

车辆也有"颜值"一说。其前灯和尾灯采用了 LED 光源，使"脸部"设计呈现出多样化。利用聚集光线照射前灯，可以突显车的"炯炯有神"。照明灯具安装在车的两侧时，即使引擎盖正上方装有照明灯具，也不会对车灯产生影响。

车辆有自身的轮廓。比如柔美的流线型和庄重的棱角造型等，并随着车辆的发展日益多样化。使用间接照明照亮车身后面的墙壁时，由于车辆处于逆光状态，会浮现出像影画一样的轮廓。

车身带有光泽。将照明灯具和它的光线映射在车身上时，它们会增添车辆的光泽。车辆"脸""轮廓""光泽"的呈现，更能衬托出它的美。

要避免将射灯安装在引擎盖的正上方，而是要将其装在车身的两侧，并根据配光角度选择聚光型灯具。

隔着水池、绿化带与客厅遥相呼应的内部车库。车辆背面的墙壁用灯具照亮，以突出车的轮廓，并把视线引向车库内部。同时，用安装在两侧的灯照亮车头灯位置。

[照片：平林克己]

通过间接照明（檐口照明）水平地照射车辆背面的墙壁，以突出车的轮廓。同时，间接光线映照在车身上，赋予其光泽。

青栲

【分类】木犀科/落叶乔木

来自下方的照明

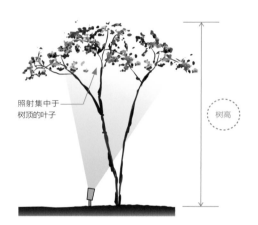

照射集中于树顶的叶子

树高

┌─ 照明要点 ─┐

　　因为树木很高，所以使用配光角度为20°左右的灯具照亮上方的叶子，光通量最好在400 lm以上。使用中角配光的射灯照射时，光线会照射到上部的树叶上，烘托出树木的整体美。光线难以到达上部的庭院灯是不适合的。

夏

使用中角配光的地射灯时，光线会照射到上部的树叶上，烘托出整棵树的美。

冬

纤细的多干型树在落叶后别有一番情趣。

青栲以作为棒球球棒材料而闻名。其成长缓慢,树形也不易杂乱且容易培育。由于叶片又小又薄,密度也小, 所以光线很容易环绕整棵树木, 很适合打光。特别是到了春天, 白色的花开得很美。由于多干型树的树形很纤细,冬天落叶后的样子也会如画般美丽,一年四季都可欣赏。

来自上方的照明

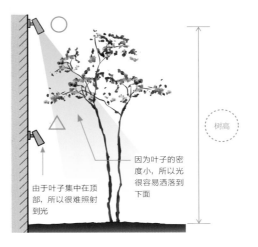

因为叶子的密度小,所以光很容易洒落到下面

由于叶子集中在顶部,所以很难照射到光

树高

┌─ 照明要点

　　射灯安装在二楼的高处。光通量 1000 lm 以上为宜,配光角度既可以为狭角也可以为广角。想观赏叶子的时候用广角,想确保地面照明时最好选择狭角。

由于叶片很薄,除了可以透过光线外,树叶上漫反射的光也会变成间接光,使整个庭院都笼罩着柔和的光。

日本四照花

【分类】山茱萸科/落叶乔木

来自下方的照明

叶子大, 容易密集

树高

离树干稍远

安装在树干附近

┌─ 照明要点 ─┐

　　由于叶片很大且容易密集, 所以光线很难环绕整棵树。可使用狭角－中角配光, 使密集的叶子里含有光。树小的情况下光通量以300~500 lm为宜, 树大的情况下以800 lm为宜。

远离树干照射

　　由于叶子很大, 所以叶子背面很显眼, 不是很美观。外墙上也会出现影子。

从树干附近照射

　　为了不出现影子, 可在树干附近安装射灯。用窄角配光使光线集中在树干和树叶上。

　　因为白色的花是向上开的，所以用射灯从高处打光刚刚好。从高处向下俯瞰时，景色美不胜收。除此之外，还可以看到与二楼客厅搭配得非常协调的绿植。其叶子又大又圆，与其把光线打到叶子背面，不如打在正面，这样会更加美丽。光影的最佳观赏时间是春季和夏季。

来自上方的照明

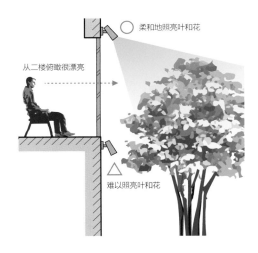

柔和地照亮叶和花

从二楼俯瞰很漂亮

难以照亮叶和花

照明要点

　　从高处照射时，比起使用狭角配光，用柔和的广角配光照射才是重点。光通量1000 lm以上为宜。从高处瞄准整棵树木,向密集的树叶上打光。

初夏，树顶遍布白花，从二楼俯瞰很美。

整团叶子在来自上方的光的照耀下，泛着美丽的光芒。

日本吊钟花

【分类】杜鹃花科/落叶灌木

来自下方的照明

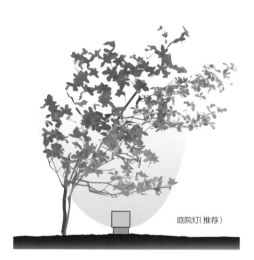

庭院灯（推荐）

照明要点

　　由于叶子处于较低的位置，与照明设备的距离较近，所以用柔和的光线来照射。即更宜使用扩散光的庭院灯或广角配光（30°~60°）的射灯，强光则不太适合。

△ 射灯（狭角）

低位置的光线太强，会显现出明暗差别。

○ 庭院灯

用柔和的光线照亮整棵树。

宛若壶状的垂挂而开的惹人爱怜的花，因形似日本古代照明用的灯台，故又被称为"灯台踯躅"。虽然这种植物多用在篱笆上，但人们经常把它当作多干型树来种植。这是一种一年四季都可以欣赏的植物。春天，壶状的白色花朵开放；夏天，菱形的小叶装点出新绿的季节；最值得推荐的是秋天，变成深红色的叶子在庭院里肆意舒展；冬天，落叶后的树形也很美，红色花苞星星点点的样子美极了。

来自上方的照明

— 照明要点 —

由于日本吊钟花不太高且枝条横向伸展，所以需要选择广角配光的灯具，光通量为250 ~ 600 lm。一年四季观赏形态都在变化的日本吊钟花，无论何时都很适合打光。

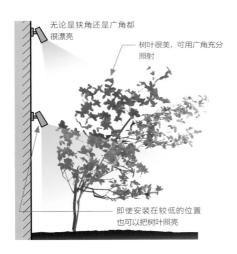

无论是狭角还是广角都很漂亮

树叶很美，可用广角充分照射

即使安装在较低的位置也可以把树叶照亮

春

夏

秋

日本荚蒾

【分类】金银花科/常绿灌木

来自下方的照明

照明要点

因为树叶宽且厚，所以使用地射灯照射的话，光线无法扩散，只能照到树叶的背面。尤其要注意的是，此时有建筑物的外墙等在树木附近的话，影子就会扩大，可以考虑采用庭院灯等柔和的扩散光线来减轻阴影。

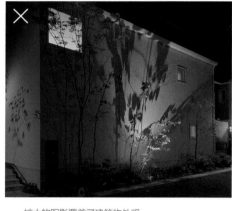

扩大的阴影覆盖了建筑物外观。

使用庭院灯柔和的扩散光线减轻阴影。

使用强光照射的话，影子会投射到外墙上。

因大片的"会发光的叶子"而极具魅力的常绿树。春天会开满繁星般的花朵，秋天会结出鲜红的果实，让人感受到四季的变迁。由于日本荚蒾的叶片很厚，光线难以穿透，所以容易产生阴影，不适合使用地射灯照明。如果光从上至下打到叶子上，叶片就会产生美丽的光泽。

来自上方的照明

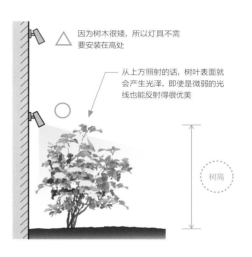

△ 因为树木很矮，所以灯具不需要安装在高处

从上方照射的话，树叶表面就会产生光泽，即使是微弱的光线也能反射得很优美

树高

照明要点

因为树形较矮，所以不需要从高处打光，可将射灯安装在一楼窗户上方。由于叶片表面富有光泽，所以能够很好地反射光线，而树叶背面恰恰相反（叶子背面没有光泽），所以从上方打光更能衬托出"会发光的叶子"的魅力。设置照明灯具时，最好使用柔和的广角灯具。

由于外墙上没有影子，所以突出了树叶和树干。

从上方照射的光线使树叶散发光泽，极具美感。

用地窗塑造光之庭院

下图为"三井花园酒店京都新町别邸"的中庭。这是一个由纵向延伸的钢制遮阳板和水平方向的半地窗组合而成的大空间，令人印象深刻。是一个表现"和"之美的中庭。

根据人站的位置不同，遮阳板有可能会遮住视线。但是，如果从正面观赏中庭，左右方向的视线虽然被部分遮挡，但大体上是通透的。因此，如果随意设置中庭的照明灯具，可能会像从头到尾都被看穿的魔术表演一样——照明灯具被一览无余，这可就糟了。

此时需要思考一下。应该在便于维修的基础上，将射灯安装在不会被人看到的高墙上。这样，当光线洒落在脚边时，就会展现出宛若被月光照耀的美丽中庭。

[照片：Nakasa and partners]

4

投影
Reflection

在微光中看到的景色

在美丽的住宅中，有着不论白天黑夜都让人想一直观赏的室外景色。我抱着"让透过窗户看到的夜景也变美"这一想法，参与了照明设计。就像在白天为了使阳光照进室内而拉开窗帘一样，如果夜晚有想看的景色也应拉开窗帘。

但是，如果将室内照明设计成普通的亮度，到了夜晚，窗户就会变成"镜子"。这样不仅看不到庭院，自己的身影还会出现在玻璃上，这种现象被称作"投影"。因为玻璃不是完全透明的物体，其表面会反射光线，所以其周围的物体和人都会被映照出来。如果把窗户变成一面墙，那么房屋就会变成像健身馆一样的地方，令人感到不适。

因此，我将房间的亮度调节成"微亮"，然后试着将光线照射到庭院的树木上。于是，先前像镜子一般的窗户再次接近透明，树木的景色也透过窗户浮现出来。

只要明亮就能看到一切，这是在夜晚生活的必要条件。但是也不能忘记，在房间变暗后看到的美丽景色和因此丰富起来的时间。

△ 由于室内的投影而看不到院子

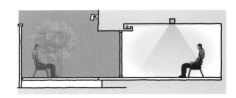

外部亮度＜内部亮度

将墙角的间接照明（顶棚照明）设置为100%的亮度，然后熄灭庭院的射灯。此时，玻璃窗上完全映出了室内的样子（墙壁、对面的窗户、家具、照明），所以看不到美丽的室外景色。

○ 控制照明，将内外连接起来

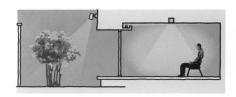

外部亮度≥内部亮度

用调光器降低间接照明的亮度，然后点亮院子里的射灯。玻璃窗上的投影几乎被全部消除，可以清楚地看到外面的建筑和绿化。

> **要点**
>
> 1. 玻璃窗具有两面性：白天是"透明窗"，晚上是"镜子"。
> 2. 室内可用调光器降低亮度。
> 3. 照亮窗外的树木。

白色有投影，深色无投影

最近，住宅的内部装修开始流行深色系。业主提出要大量采用吸收光线的颜色进行内部装修，同时"要使房间看起来明亮"的要求。照明设计着实令人苦恼。

在照明设计中，经常会综合考虑室内装修颜色和亮度。比如，能够观赏美丽夜景的店铺都有一个共同点，即内部装修的颜色是深（暗）色。这是为了抑制店内的投影，从而突出美丽的夜景。

那么，为什么会选择深色？因为看起来明亮的白色能够反射 80% 的光，而看起来暗淡的黑色会吸收 95% 的光，白色与黑色的光反射率相差 16 倍。如果以只反射 5% 的光线的黑色系作为内部装饰的基调，空间虽然会变暗，但是可以呈现美丽的夜景。

第 65 页中是同时考虑照明和室内装修颜色，以呈现内外相连的景色的案例。与落地窗相对的墙壁是厨房的收纳空间，这里选择了深色门。深色吸收了光线，在保留工作照度的同时有效地抑制了投影的产生。

如果综合考虑照明和室内装饰的话，夜晚的居住空间会变得更有品质。

要点

用深色抑制投影的产生

室内装修颜色

黑	灰	白
5% (反射率)	40%	80%

不产生投影 ←——————→ 产生投影

✕ 白色内部装修

使用间接照明照射白色墙面时，被照射的墙面会投影到玻璃上，外面的景色就很难看到了。

○ 深色内部装修

使用间接照明照射深色墙面时，由于抑制了被照射墙面的投影，所以可以看到在灯光照射下的室外景色。

○ 灰色内部装修

面向中庭设有大开口（窗户）的LDK。
为了能从室内欣赏到中庭的景色，房间内部
的装修材料和家具全部采用深灰色系，以
降低整个空间的反射率。特别是选择与窗
户相对的收纳门颜色时需要特别注意。

用偏光筒灯消除投影

　　夜景很美的店中常会使用"偏光筒灯"（glareless downlight）。其中 glare ＝炫目，less ＝不。这是一种能够抑制眩目感和投影的筒灯。

　　最近，偏光筒灯也被应用在住宅照明中。因为随着住宅性能的提高，通顶的窗户也增加了。如果使用普通的筒灯，到了夜晚，筒灯就会被完整地投影到玻璃窗上。如果安装了 10 台筒灯的话，晚上就会产生 20 台的效果。

　　相反，偏光筒灯几乎不会映在玻璃上。因为镜面就像是个反射板，不容易吸光。夜晚的镜面变成了普通玻璃，能够很好地融入夜色中。

　　如果想享受夜晚的美景，就尝试使用"偏光筒灯"吧。

普通筒灯

漫反射

　　在反射板表面，筒灯（白色涂装）的光会扩散，所以看起来像是在发光。但是它在让人感到明亮的同时，也会在窗户上产生投影。

偏光筒灯

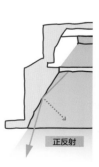

正反射

　　经镜面加工后的偏光筒灯反射率高。由于反射的光线不会在表面扩散，所以看起来就像熄灭一样，从而抑制眩目感和投影的产生。

偏光筒灯照亮的客厅。
因为玻璃窗上没有投影，
所以能看清灯光照射下的
美丽庭院。

[照片：平林克己]

【 会产生投影的筒灯 】

普通筒灯
（白反射板）

嵌入孔 = φ75，光通量 = 360 lm，
配光角度 = 60°

┌─ 要点 ─
　　由于白色反射板会反射光线，所
以会产生过度的投影。光线在大范围
内扩散，将整个空间都映照出来。

投影	眩目感	亮度感
✕	✕	○

偏光筒灯
（白反射板）

嵌入孔 = φ75，光通量 = 300 lm，
配光角度 = 25°

┌─ 要点 ─
　　白色反射板的偏光筒灯会使灯
具产生投影。但是，由于抑制了光线
的扩散，所以不会出现空间的投影。

投影	眩目感	亮度感
✕	△	△

【 不会产生投影的偏光筒灯 】

偏光筒灯
（镜面反射板）

嵌入孔 = φ75，光通量 = 300 lm，
配光角度 = 25°

┌─ 要点 ─────────────┐
│　镜面反射板不会让光停留在灯具
│上，所以能抑制眩目感和投影的产生。
└─────────────────┘

| 投影 | 眩目感 | 亮度感 |
| ○ | ○ | △ |

偏光筒灯
（黑反射板）

嵌入孔 = φ75，光通量 = 300 lm，
配光角度 = 25°

┌─ 要点 ─────────────┐
│　黑色反射板不易反光，因此可以
│抑制投影和眩目感。
└─────────────────┘

| 投影 | 眩目感 | 亮度感 |
| ○ | ○ | △ |

通过灯罩消除吊灯的投影

选择吊灯时要兼顾室内装饰和照明。控制吊灯亮度的是"灯罩"，其相当于台灯或电灯的斗笠。根据材料和设计的不同，来控制扩散光和直接光等各种各样的光线的产生，并通过材料的质感和大小与空间进行协调。

具体来说，应在重视建筑空间协调性的前提下选择吊灯。如果窗户很大，光线会透过布或玻璃等"灯罩"，在窗户上产生投影。为实现与建筑融为一体的投影效果，应选择不透光或深色的材料。

不过，并不是所有的吊灯投影都不好。如果是有设计感的灯具，有时也会故意让它投影到窗户上。但是，如果想展示室外景色的话，发光的"灯罩"就会成为欣赏夜景的障碍。

作为室内装饰的调和物，可选择"可爱"或"帅气"的吊灯。同时，也需要考虑其与建筑空间最为相称的"发光方式"和"照射方式"。

整体发光的吊灯会在窗户上产生投影。

[照片：富田英次]

向下直射的小型吊灯因为灯具不发光，所以不会在窗户上产生投影。

适度的投影和庭院中的景色相融合，构成一张美丽的餐桌。

檐口照明与窗户形成直角

间接照明的一种方法是用柔和的光线照亮墙面的檐口照明。隐藏在顶棚的光源所发出的间接光照亮了整个墙面。与其他间接照明方式相比，其特征是可以使人的视线前方更加明亮。

但是，需要注意灯带的安装位置，因为照亮墙面的檐口照明容易在窗户上形成投影。

如果将檐口照明与窗户平行（面对面）放置，那么被灯光照亮的整个墙壁就会映在对面的窗户上，立时就看不到外面的风景了。

相反，如果将灯带安装在与窗户正交，即成直角的墙面上，则会与被照射的墙面产生相连的投影。但是，并不能说这种投影一定就不好。由于令人产生空间扩大两倍的错觉，因此可以作为呈现纵深感的方式。

如果把照射面换成深色的话，就可以有效抑制投影。此时，把庭院的景色引入室内，让内外景色相连，就能使空间显得更加深邃。

△ 窗户和间接照明平行

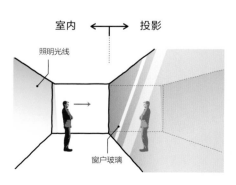

如果照亮与玻璃窗相对的墙壁，就会形成多余的投影。

○ 窗户和间接照明成直角

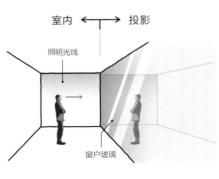

如果照亮与玻璃窗成直角的墙壁，就会形成向外延伸般的投影。

顶棚灯槽照明和投影

照射顶棚的间接照明被称为"灯槽照明"。由于灯带被安装在比顶棚低的位置，所以如果在与窗户平齐的位置上发光的话，会使顶棚在窗上形成投影。

为了避免产生这种投影，应使光线从窗户上方投向对面墙壁。位于窗户上方的顶棚由于没有被光线直接照射，所以处于"阴影"状态，从而抑制了投影。顶棚的"阴影"越长，就越能有效地抑制窗户的投影。

因为窗户对面的墙壁一侧有光，所以不可避免地会在窗户上形成投影。由此，需要在使用调光器减少光通量的同时，采取将墙壁颜色变暗（深）等方法来抑制投影的产生。

特意在窗边的顶棚上营造出"阴影"，这就是因考虑到窗户上的投影而设计的"灯槽照明"。

△ 正对窗户的灯槽照明

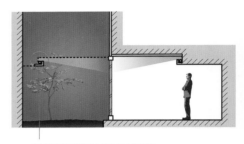

间接照明光源附近会产生多余的影像

如果把照亮顶棚的灯槽照明安装到与窗户相对的墙壁上，那么窗上就会映出光的线条。

○ 窗边的灯槽照明

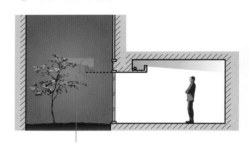

间接照明光源附近的景象不会映在窗上，可以看清窗外的美丽庭院

要想减少投影，可以在窗边设置一个照明箱，让光扩散到室内。

上图为把灯槽照明的灯带设置在窗边顶棚上的案例。由于光线会扩散到室内，所以不会产生影像。

如果在与窗户相对的墙壁上设置灯槽照明，光的线条就会显现出来，很难透过窗户观赏庭院景色。

把灯槽的位置移到窗边的话就不会产生影像，此时，灯光照射下的庭院看起来很有韵味。

诱导视线

住宅的窗户越来越大。为拥有落地窗的房屋做照明设计十分困难。如果只追求亮度的话，照明灯具、微波炉、空调等各种各样的设备就会被投影到玻璃上。

在一般的照明设计中，为了确保房间的整体亮度，会在顶棚附近安装照明灯具。因此，势必会在窗户的上部产生投影。可以使用能够上下开合的卷帘来暂时消除投影。

窗户越大，投影就越难抑制；投影进来的东西越多、越杂，就越容易丧失大窗户的魅力。解决办法是遮住窗户上部，只截取美丽的景色，将视线向下引导。

小窗化的对策其实也很有魅力，从像第 77 页那样的落地窗中看到的光之庭也颇具趣味。

从室内望向落地窗外。由于吊灯的照射，室内景象均投射在窗上，很难看到外部的树木。

拉下卷帘

如果将卷帘拉到吊灯的高度，顶棚的投影就会消失，然后使用调光器降低亮度，就能清楚地观赏到外面的树木。

因落地窗和地面光线所产
生的深邃感

　　图中为可以隔着落地窗欣赏坪庭❶
的饭店单间，其宽大的墙壁造就了大而明
亮的落地窗。庭院被安装在外墙上的射灯
照射，有效地保证了地面亮度，将内外景
色连接为一体，产生空间的纵深感。

———————
❶ 译者注：坪庭为小庭院。

连接内外的美丽投影

在欣赏庭院夜景时，经常会被投影干扰。但是，并不能说投影本身经常会妨碍风景的呈现。

比如"对照镜"，即镜子和镜子面对面布置，镜子中投映着镜子，镜子里还有镜子。如此反复，好像永远延展下去。如果将其应用于夜晚的窗户上，就会产生空间无限延伸的错觉。

也有利用室内装修颜色和投影的关系来控制投影的方法。"亮色会产生投影，暗色不会产生投影"。如果灵活地运用这个原理，可能会产生令人惊讶和感动的效果。

第 78 页和第 79 页为仅在安装了暗藏照明的墙壁上部采用深色，使其融入黑暗，让间接光照射的墙壁产生投影的案例。由此，在不干涉被灯光照亮的树木的情况下，通过投影将内外连接起来，使空间具有深度。

第 80 页和第 81 页为在玻璃扶手和玻璃窗之间安装吊灯的案例。由于"对照镜"的效果，空间中看起来像是安装了几十盏昂贵的吊灯。

控制投影

通过改变墙面细节来控制投影，有目的性地营造出美丽的景色。

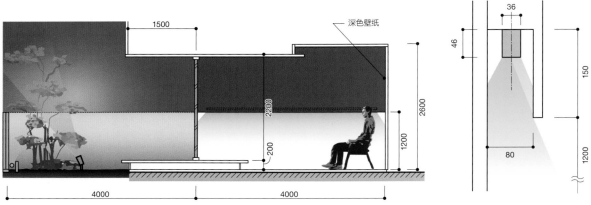

剖面图（S = 1:80）

间接照明箱剖面详图（S = 1:6）

通过暗藏照明，将铺贴了木板的墙壁投射到玻璃窗中，从而带来与庭院的连接感和空间的纵深感。为了防止墙壁的上半部分产生投影，还特意贴上了深色壁纸。暗藏照明的灯带高度是根据就座时的视线高度确定的，为了不让光源进入眼睛，将幕板的长度设定为150mm。

梦幻般的吊灯镜面投影

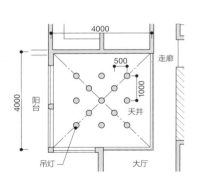

平面图（S = 1 : 150）

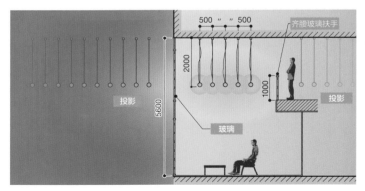

剖面图（S = 1 : 150）

　　在确保一楼和二楼上有装有大窗的天井的同时，将吊灯以 1000mm/500mm 的间距交错排列。吊灯距顶棚的高度约为 2000mm，与二楼的齐腰玻璃扶手（高 1000mm）的中心高度一致。到了夜晚，玻璃窗和玻璃扶手都变成镜子，构成一组"对照镜"。夹在"对照镜"之间的吊灯分别在窗户和玻璃扶手上形成等距且连续的投影，白天的 13 个吊灯到了夜晚就会变成几十、几百个，呈现梦幻般的夜景。

上 / 从一层的土间❶观赏庭院。由于室内比室外亮度低，视线会被自然地引向美丽的庭院。二楼的射灯在烘托出树木之美的同时确保了地面亮度。

下 / 屋檐（封檐板）处安装的射灯可以兼做阳台（户外客厅）的工作照明。在室外就餐时，来自上方的光线是必不可少的（使射灯的下端和屋檐的下端对齐）。为了使客厅看不到光源，需要在安装位置上下功夫。

❶译者注：在现代，土间已缩小为单纯用来区分屋外和屋内的狭小玄关空间，用来脱放鞋子。

从二楼的落地窗向外望去，可以看到阳台、庭院和竹林。被安装在封檐板里的射灯同时照亮了阳台和庭院。来自高处的光线不仅照亮了庭院中的树木，还照亮了桌椅和木质阳台，提升了中间区域的存在感。远处的竹林在广角射灯的照射下，其纤细的枝叶在黑暗中突显出来。来自上方的光线与来自下方的光线共同营造出美丽的夜景和舒适的感觉。

用上方灯光照亮庭院和阳台

室内变暗就能看到美丽的秋日庭院

图中为在色彩鲜艳的枫树映照下的带有大庭院的住宅。来自高处的射灯光线洒落在染成鲜红色的枫叶上，使其从黑暗的庭院中浮现出来。要想从室内欣赏到这样的美景，就要降低室内的亮度。这样一来，窗户仿佛变成了巨幅屏幕，让人产生一种在漆黑的电影院里欣赏美丽影像的感觉。红叶上的光线被柔和地反射到由优质杉木板制成的顶棚上，留下了令人难以忘怀的印象。

从一楼的宴会厅望向被灯光照亮的庭院。室内用偏光筒灯控制亮度，中间区域的深色屋檐也使用了同样的光线，由此烘托作为远景的主庭院景色。

射灯被安装在二楼的窗户处，像探照灯一样照亮庭院。调整角度，使光线打到变红的枫叶上，从树叶的缝隙间洒下来的光照亮了苔藓，营造出地面亮度。

被地射灯照亮的树丛
倒映在水面。映在水面上
的庭院景色造就了难得的
美景。

用射灯照亮深处的
竹林，作为过道的路标。
为了确保步行安全，使
用射灯打亮石阶。光和
影的对比表现出"和"
之美。

由被灯光照亮的树丛包
围的车廊（门口上下车的地
方）。屋檐处的偏光筒灯确保
了地面照明。车廊中央的枫树
经过适度的修剪（打薄），即
便是在光量少的地方，也能
使光线在整棵树上流动。

答案就在夜晚的现场

我经常被问到这样的问题，"改善住宅照明设计的方法是什么"，我总是回答："无论工作多么忙，晚上也要去现场看看。"这是从高木英敏老师（大光电机）那里学到的。

夜晚去现场就能知道照明设计是成功还是失败，这是在设计图纸上看不出来的。令人遗憾的是，无论是白天的现场，还是帅气的竣工照片，都展现不出夜晚灯光的本质。没有看过夜晚现场情况的人，即使聚集在一起长时间反复商量，也无法得出最合适的照明方案。

首先，"明亮"一词没有客观的标准，不同人对于"明亮"的定义千差万别。和业主商量，也很难在亮度上达成一致。因为即使是在同一个地方，亮度和暗度也会随着时间和天气发生剧烈变化。

正因如此，尽管有些主观，但是判断夜晚明亮度的尺度还是需要我们用自己的眼睛去感受。为了提高精确度，要多做一些夜晚的现场体验，以了解场地内照明的真实情况。这样，照明设计才有说服力，才能得到业主的信赖。

如果没有多体验过几个夜晚的现场，就无法想象空间中能够容许的黑暗，从而感到不安。于是以"明亮是好的"为理由，不停地增加照明灯具来保证明亮度。

在数千万日元的建筑物里，增加一台 3000 日元（约合 184 元人民币）的筒灯或许很容易。

但是，过度增加筒灯会使住房变成一个繁复的、满是无用照明灯具的空间。作为照明灯具制造商，因为关系到销售额的增长，所以可能会认为这是好事。但是，为了设计出高质量的照明环境，应把照明灯具和光通量控制在最小限度。

那里真的需要照明灯具吗？在夜深人静的现场，打开灯、熄灭灯，确认在地板、墙壁和顶棚上反射的光的广度。如此反复操作，就能捕捉到住宅灯光的本质。

即使很忙，也要不辞辛苦地来到现场。这种看似绕远路的行为也许恰恰是优化照明设计的捷径。因为"答案"就在夜晚的现场。

[照片：富田英次]

5

室内照明
Room

墙壁决定明亮感

一般来说，住宅照明设计是在平面图的基础上考虑的，即从上到下俯瞰地板的图。但是，在实际空间中不是按照俯瞰视角所看到的地面，而是按照以视线高度为中心的墙壁来设计。

在照明设计中，墙壁发挥着重要的作用。如果将视线前方的墙壁照亮，就会让人觉得那个地方很明亮，所以可以说视线前方的墙壁决定了"外观的明亮度"。

但是，一味地追求墙壁亮度的话，住宅可能会因此变成过于明亮且看起来有点脏的空间，这点要格外注意。墙壁上不仅有门窗等建筑部件，还装有空调、开关板、可视门铃等各种设备。即使将它们毫无意义地照亮，住宅也绝不会变得美丽。

在展现"外观的明亮度"时，最重要的是从平面图中看出立体空间的感觉，这要从把握人视线前方的墙壁照明状况开始。必须以建筑、室内装饰、照明这三个角度出发，从俯瞰视角把握整个住宅和墙壁的情况，因为墙壁决定明亮感。

平面图上看到的是"地板"，墙壁以"线"的形式展现

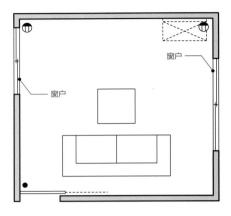

平面图（俯瞰空间）上的墙壁和窗户都会被看作是"线"，设备用存在感弱的波浪线或圆形来表现。

实际空间中看到的是"墙壁"

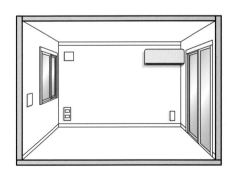

当进入实际空间后，平面图上的"线"就变成了"面"，进入视线的范围变大。原本存在感很弱的设备也会被展现出来。

空调和门窗被筒灯照射到的失败案例。如果能立体地把握空间并考虑到室内布局的话，就可以避免这样的问题。

通过照亮整面墙壁，给人留下一种整个空间都很明亮的印象。用没有多余设备的墙壁，打造出拥有美丽墙面的间接照明。

关掉间接照明，只打开筒灯的景象。如果失去了墙壁的亮度，明亮感就会发生显著的变化。

灯具的"集中配置"和"分散配置"

在住宅照明灯具中常用的筒灯往往会让人忽视其存在，并给人一种空间清爽简洁的印象。但是，如果要使类似LDK的大空间足够明亮，就需要非常多的筒灯，这样很有可能会给人留下顶棚杂乱的印象。

如何在配置多个筒灯的同时还能让空间看起来很美，这是一个展现照明设计技术的问题。如果在平面图上随意地配置灯具，就会产生"客厅灯、餐厅灯、水槽灯""这里很暗，那里很暗"等"近视眼"式的设计，住宅会因此变成一个只有亮度而没有设计感的混乱空间。

使用一般的扩散型筒灯时，推荐将多个筒灯集中配置在一起的"集中配置"灯。成为集合体的筒灯会在顶棚上形成适当留白，同时使顶棚井然有序，呈现出美丽的空间。

存在感较低的偏光筒灯则选择"分散配置"比较好。其可以抑制墙壁和顶棚的亮度，使光线集中在地板上，给空间带来适当的阴影和令人舒适的节奏感。可以结合实际的光线需要来确定筒灯的位置，以营造出简单而美丽的空间。

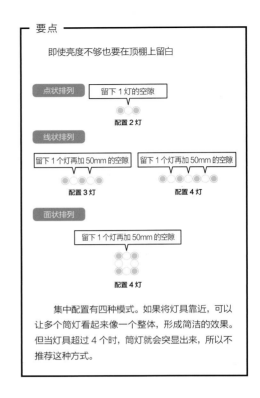

要点

即使亮度不够也要在顶棚上留白

集中配置有四种模式。如果将灯具靠近，可以让多个筒灯看起来像一个整体，形成简洁的效果。但当灯具超过 4 个时，筒灯就会突显出来，所以不推荐这种方式。

左图为将一般的扩散型筒灯分散配置的案例。由于设计时过于关注家具和平面图的信息，导致灯具的间隔没有规律性，灯光十分杂乱。有的筒灯距离墙面太近，使没有照明必要的吊柜和墙壁也被照亮了。

图中为将一般的扩散型筒灯集中配置的案例。考虑到灶台、餐桌和沙发等的位置，将灯具进行等间隔的集中配置，顶棚留白。这样可以在确保必要的工作照度的同时，使顶棚看起来很整洁。

[照片：富田英次]

图中为将偏光筒灯分散配置的案例。因为灯具本身的存在感不强，所以即使进行分散配置，也不会给人留下顶棚满是照明灯具的杂乱印象。

狭缝照明的功能美

狭缝指的是缝隙或间隙。在照明设计中，狭缝照明的优点是将多盏分散的灯具变成一条"线"融入建筑中，从而减少由于照明设备导致的顶棚杂乱现象。

顶棚的狭缝会因其深度的不同而产生不同的照明效果。如果狭缝较深，灯具会因隐藏在里面而变得不明显，同时，其产生的光线也会被狭缝控制。特别要注意的是，打在狭缝内侧的光有可能不仅会突显出来，还会出现映入窗户等意外的情况，所以要多加注意。

相反，如果狭缝较浅的话，灯具就不太好隐藏了。但是，由于狭缝内侧很难受光，所以可以抑制投影的产生。在这种情况下，最好使用可以抑制眩目感和存在感的偏光筒灯。

不管是哪种情况，如果改变视角，狭缝内部都有可能被一览无余。根据狭缝深度和人观看的位置不同，其既可能成为设计中的优势，也可能成为劣势。这对于建筑和照明来说都十分重要。

偏光筒灯的狭缝照明

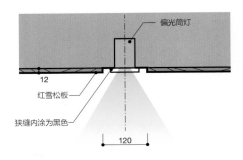

剖面图（S = 1 : 10）

利用偏光筒灯能够抑制眩目感的特点，将狭缝的深度控制在 12mm 左右，防止在狭缝内产生光线。

筒灯的狭缝照明

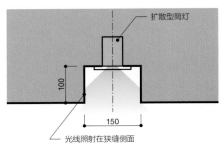

剖面图（S = 1 : 10）

通过挖深狭缝来削弱灯具的存在感，同时也消除了抬头看顶棚时的违和感。虽然很难看到灯具，但是狭缝侧面会有光，这点需要注意。

要点

Ⓐ 很难看到狭缝内部

Ⓑ 狭缝内部情况一目了然

改变视角可能会导致狭缝内部变得全部可见，所以需要注意。

狭缝用黑色涂装，不仅可以使之自然地与铺贴板材后的顶棚融为一体，还可以防止狭缝在窗上产生投影。

地板高度不同的跃层建筑中，通过在顶棚上使用配光角度不同的两种筒灯来统一地板表面的亮度。因为在客厅和一体化的餐厨空间中都把筒灯安在狭缝里，所以即便使用了外观不同的灯具，也能实现顶棚设计的统一。

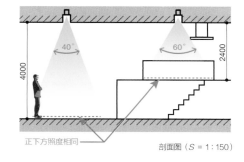

正下方照度相同

剖面图（S = 1 : 150）

肯定暗度的偏光筒灯

一般筒灯是为了保证整个空间的亮度而设计的，所以光的扩散角度（配光角度）更宽，光线也更容易照射到墙面上。

筒灯的发光面很浅，由于位于仅比顶棚平面高一点的位置，所以即使在离灯较远的地方也很容易看到光源。并且，为了有效地扩展光线，其反射板基本上都是白色的，灯具的外观很明亮。

偏光筒灯具有完全相反的性质。其发光面被设在深处，反射板被加工为镜面。正如其名所示，偏光筒灯能够抑制眩目感，但也有可能被认为比较"昏暗"。因为光的扩散角度（配光角度）很窄，光线被集中在下方，所以可以塑造出有阴影的空间。同时，由于光线很难照射到墙壁上，所以会导致空间整体的明亮感不足。

普通筒灯和偏光筒灯的基本理念不同，所以不能一概而论。是要明亮的空间，还是要有阴影的空间呢？在比较过两张照片之后再做判断较好。

偏光筒灯

一方面来说，由于光线照不到墙壁，会致使整个空间的亮度不足。从另一方面来说，其不会产生眩目感，灯具的存在感也很弱，亮度和黑暗能够恰到好处地共存。

扩散型筒灯

因为光线充分地照射在墙壁上，所以整个空间的明亮感十足。但是，光源进入眼睛的话会产生眩目感，灯的存在感也较强。

要点

优点	缺点
没有眩目感、灯具存在感弱、光线聚集	灯具外观较暗、光无法扩散到周围

追求均匀亮度的人并不适合使用偏光筒灯。偏光筒灯是一种始终坚持"舒适的黑暗"和"舒适地居住"的灯，"肯定暗度"是其前提条件。

[照片：富田英次]

将偏光筒灯移出视线

虽然偏光筒灯可以抑制眩目感，但如果光源直接进入视线也会令人感到刺眼。说起在哪个地方会直视顶棚上安装的筒灯，那就是卧室。如果在枕头上方安装筒灯的话，光源就会直接进入视线，从而感到晃眼。为了避免这种情况，最好将灯具安装在床脚附近。这样不仅可以防止眩目，还可以塑造空间的深度和氛围，这种方法也是酒店客房中常用的照明手法。

除此之外，偏光筒灯还有别的有效使用方法。第101页中是用通用型偏光筒灯照亮客厅主角——沙发的例子。突出沙发的时候，重点在于光照角度。当沙发扶手被光线照射，其轮廓就会浮现出来，产生的阴影将衬托出室内装饰的美感。

将灯具安装（分散配置）在沙发外侧，即使坐在沙发上也很难直接看到筒灯，因此不会让人感到晃眼。这样不仅突显出了家具，还能带来舒适感。对于偏光筒灯来说，其安装位置也要花心思，以最大限度地发挥它的效果。

在床脚附近设置了偏光筒灯，以防止产生令人不舒服的眩目感。设置在枕边的间接照明不会干扰其光线。

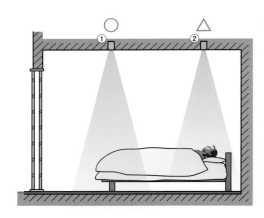

① 安装在床脚边可以避免人的直视。但是，考虑到读书等情况，则需要另外考虑安装台灯等。

② 如果将灯具安装在可以直视到光源的位置，就会产生眩目感。

要点

讲究反射板的加工

镜面反射板　　　　　白色反射板（无眩目）

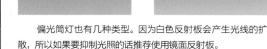

偏光筒灯也有几种类型。因为白色反射板会产生光线的扩散，所以如果要抑制光照的话推荐使用镜面反射板。

　　右图为设置了狭缝偏光筒灯的配灯图。狭缝的间隔为PC = 3000mm。用聚集的光线照射家具，并通过调整沙发角度，使其轮廓突显出来，通过阴影呈现出立体感。由于偏光筒灯的反射板是黑色的，所以没有投影，可以透过玻璃观赏夜晚的庭院之美。

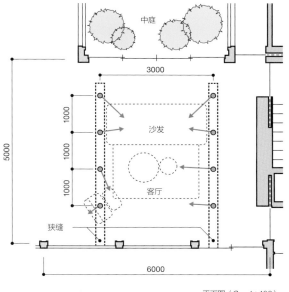

平面图（S = 1：100）

玄关设计要简洁漂亮

玄关要简洁。什么都不做的设计也是优秀照明设计的秘诀之一。

在日本，一般 4LDK 左右的住宅中，玄关的面积大约是 3 帖。❶如果设置了玄关收纳处，剩下的部分只有 2 帖左右。在墙壁上安装了脱鞋用的扶手、开关板、窗户、门窗后，几乎没有可以进行照明设计的墙壁空间。虽然在鞋柜处刚刚安装好的脚下照明会很漂亮，但是几个月后，灯具照射的可能不是土间的瓷砖，而是脏兮兮的鞋了。

一般的玄关用一盏 100W 的筒灯即可维持亮度。如果在顶棚的正中央安装一盏灯，就不用担心会照到多余的东西。如果整理好收纳处和灯具设备，只留下漂亮的顶棚和墙壁（面）的话，可以考虑间接照明或壁挂照明。

玄关作为"住宅的脸面"，没有必要用照明来"化浓妆"。我想塑造一个"化着淡妆"的玄关照明。

使用 100W 筒灯的玄关。在墙壁上也有光影流转，即使只有一盏灯，也能给人留下明亮的印象。

平面图中的开关板和扶手会用没有存在感的"点"来表示。如果忽略了这一点，可能会在墙壁上安装照明设备和扶手等，破坏墙壁的美观性。

---

❶译者注：日本的户型表示方法中，字母之前的数字代表有几间卧室，如 4LDK 表示有 4 间卧室，再加上客厅（L）、餐厅（D）、厨房（K）。另，1 帖（1 畳）相当于 1.62m²。

正面尽头的墙壁上安装了间接照明，柔和的光线遍布整个空间，营造出一种引人深入的效果。

在侧面漂亮的墙壁上设置间接照明，运用在窗户上产生的投影，表现空间的延伸感。

走廊照明虽小尤大

在住宅照明设计中，走廊也基本采用筒灯照明。和其他空间一样，如果在平面图上均匀地安装灯具，空间就很难变美。

走廊的宽度很窄，且被墙壁包围。因此，可能会出现墙壁上有光线照射，而建筑部件却没被完全照亮的情况。所以需要一边整理墙壁、门窗等建筑部件和光线的关系，一边考虑筒灯的安装位置。与此同时也要注意灯具的亮度。如果采用和普通空间相同的照明设计，一定会过于明亮。走廊太亮的话，进入前面的空间（客厅）时就会感到黑暗。这样，移动空间的照明就是失败的。

在每天都要使用的走廊里，没有必要过于追求明亮。在必要亮度的最低限度的基础上，只需要保证视线前方的亮度就足够了。因为一旦生活习惯了，很多人不会看走廊的地板，而是会看着前进方向的墙壁。

走廊照明虽小尤大。哪怕只有一盏灯，也要认真考虑它的位置。

如果门的照明不彻底，空间就不会漂亮。

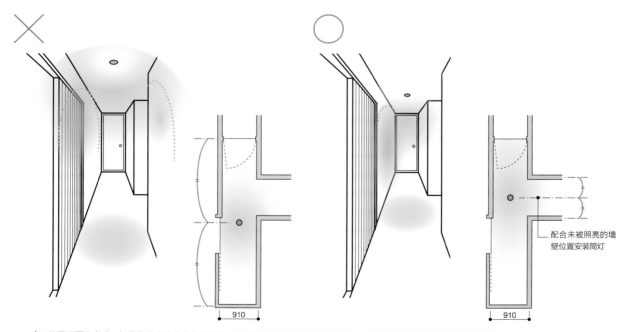

配合未被照亮的墙壁位置安装筒灯

910

910

左 / 从平面图上考虑，如果在走廊的中央安装筒灯，墙壁和门窗可能会被隐约照亮，让人留下建筑与灯光并不匹配的印象。
右 / 根据墙壁状态改变筒灯的安装位置，就会产生建筑与灯光很匹配的印象。

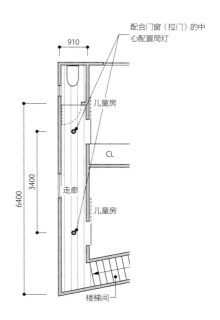

配合门窗（拉门）的中心配置筒灯

儿童房

CL

走廊

儿童房

楼梯间

910

6400

3400

平面图（$S = 1:120$）

安装了偏光筒灯的走廊。在狭长的走廊里，即使是偏光筒灯这种配光角度窄的光源也能使光线充分照射到墙壁上。虽然地板表面的亮度不均匀，但不会影响夜间行走。

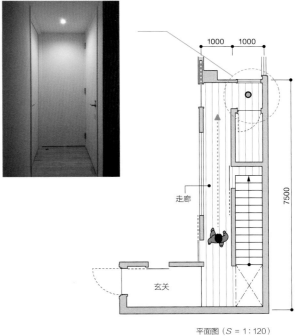

1000 1000

走廊

玄关

7500

平面图（$S = 1:120$）

将筒灯安装在从正面看不到的地方，营造从走廊深处洒落出来的间接照明。由于视线前方很明亮，所以可以自由走动。

在光线能纵向传播的地方设置楼梯

关于住宅的楼梯间照明，我有"在上楼口和下楼口安装照明灯具"的想法。这也是几十年前就存在的规则。

但是，在一般住宅的楼梯间墙壁上，扶手、窗户、开关等比较密集，几乎没有留下可以安装壁挂照明的空地。对于不够漂亮的墙壁来说，将筒灯安装在顶棚上会更好，这样也不容易出现亮度上的失败。

在设置筒灯时，关于楼梯间天井要着重注意两点。
• 在光线纵向传播的地方设置照明灯具。
• 从二楼顶棚发出的光应能照到一楼的第一级台阶。

楼梯照明通常被安装在楼梯的横木上。这样，从二楼发出的光线不仅能照亮第一级台阶，同时也能保证二楼走廊的亮度。

壁挂照明可以集中安装在二楼的墙面上。其本身的亮度和墙壁的反射光可以照亮整个楼梯。因为安装在高处所以不会妨碍上下楼，也不会影响扶手和窗户。如果楼梯灯只安装在二楼，从平面图上看可能会让人不太放心，因此希望大家能观察一下第 107 页的照片。

也有人会在被阳光照射得非常明亮的楼梯上失足摔倒，这种现象是由于疏忽产生的。不要把"亮度"和"疏忽"混为一谈。

在旋转楼梯平台的墙壁上安装壁挂照明的案例。其中，窗户、踢脚线、扶手等部件很多。如果壁挂照明的安装高度不一致，会给人留下墙壁杂乱无章的印象。

在二楼墙壁上方统一安装壁挂照明的案例。这样不仅避免了扶手的干扰，还不会对上下楼梯造成障碍。

由于灯具被安装在二楼楼梯腰壁这个触手可及的地方，所以可以轻松地更换灯泡和维修。

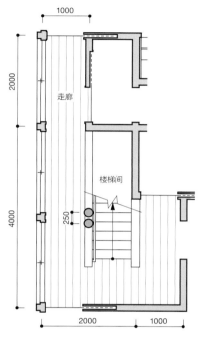

走廊

楼梯间

平面图（S = 1 : 80）

　　在二楼横木正上方集中配置了
两盏宽配光(60°)的筒灯(100W)，
两灯兼顾楼梯间和走廊的照明。但
是，需要确认光线能否从二楼顶棚
照射到一楼地面。

酒吧与牛肉盖浇饭店

牛肉盖浇饭店和酒吧都是隔着柜台接待客人的,两者都是客人面对着店主用餐,空间构成极为相似,那么照明也一样么?

牛肉盖浇饭店的信条是"便宜、快捷、美味"。为了让身体和胃变得活跃,店内多使用明亮的白光。吃一碗牛肉盖浇饭只需要十分钟左右。胃满足了,精神也会随之振作起来。

在享受美酒的酒吧中,一手拿着价值3碗牛肉盖浇饭的威士忌,忘我地喝着,一边和重要的人交谈。为了适当地保持与他人的距离,灯光会被调暗。使用黑暗和阴影作为隔板,营造舒适的场所和氛围,不知不觉中已经很晚了。

即使空间构成相同,如果改变照明和室内装饰,人的行为和时间的流逝就会发生很大的变化。

我希望能在家中的餐桌上同时满足胃和心情,在灯光洒落的餐桌上享受我最爱的牛肉盖浇饭。

6

间接照明

Indirect

"幕板的高度"和"开口尺寸"

如果想将空间装饰得简单（朴素），就要尽量减少照明灯具，并让其不显眼。

但是，亮度是必要的。在这种情况下，可尝试"间接照明"的方法。照亮顶棚的间接照明（灯槽照明），即把顶棚当作光的反射板，利用反射光将整个空间照亮。此时，顶棚表面看起来会很明亮，而且整个空间都被柔和的光线包围。

使顶棚灯槽照明成功的两个要点分别是"幕板的高度"和"开口尺寸"。

为了隐藏照明灯具而设置的幕板，其高度要与灯具的高度基本持平。高度比灯具高的话，光线就容易被遮蔽，从而无法扩散延展。如此一来，光亮就只能聚集于顶棚的一部分，该部分与宽大且黑暗的顶棚之间形成的"明暗差异"过大，这样的对比会让人感觉更暗。

其次为开口尺寸。为了确保间接光能传播到远处并保证空间亮度，要尽量保证开口尺寸。即使考虑到顶棚高度和门窗的关系，开口尺寸也要至少确保在 150mm 以上。

配合适应空间大小的"幕板的高度"和"开口尺寸"，间接照明可以将空间演绎得简单而美丽。

✕ 光线不扩散的间接照明

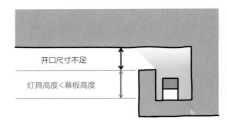

图中为幕板比灯具高，开口尺寸小的案例。由于光线被阻隔，整个顶棚上都没有扩散出来的光线，感觉很暗。

○ 光线扩散的间接照明

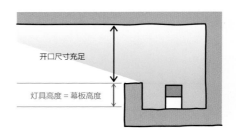

图中为幕板和灯具高度相同，并且确保开口尺寸为 150mm 以上的案例。从间接照明箱中投射出的光线延伸到整个顶棚。

[照片：平林克己]

间接照明和建筑化照明

间接照明和建筑化照明虽然容易混淆，但实则相差甚远。

所谓间接照明，是指用照明灯具所发出的光线（90%以上）照亮顶棚或墙面，并用反射光照亮空间的手法。即使是台灯或射灯等照明灯具，也可以根据照射方向的不同而变成间接照明。

所谓建筑化照明，就是将照明灯具与建筑结构融为一体，即看不见其存在，只能看到光的手法。在将间接照明进行建筑化的情况下，为了隐藏照明灯具或控制光线，多设置幕板。但根据使用的照明灯具的不同，也有幕板立起的"高度"变得明显的情况。

因此，为了进一步将灯具与建筑融为一体，我在此介绍三个尽可能减弱幕板存在感的"收纳"方案。
- 精心设计幕板的细节。
- 将照明灯具的位置设置在深处。
- 选择不易看到发光面的、带幕板的照明灯具。

这三种思考方式是最基本的。但是,也会有施工麻烦、照明灯具有可能被看到等缺点,所以要十分注意。

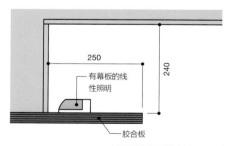

间接照明箱剖面详图（$S = 1 : 10$）

上／幕板是间接照明中不可或缺的一部分，但幕板的视觉存在感会对空间印象产生很大的影响。

下／在用杉木板铺设的顶棚上安装带有幕板的线性照明的案例。间接照明箱的深度为250mm，所以线性照明不会进入视线，实现了建筑和照明融为一体的"建筑化照明"。其开口尺寸为240mm。光柔和地延展到整个顶棚上。

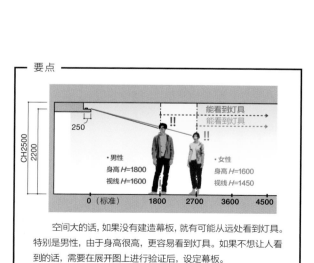

空间大的话，如果没有建造幕板，就有可能从远处看到灯具。特别是男性，由于身高很高，更容易看到灯具。如果不想让人看到的话，需要在展开图上进行验证后，设定幕板。

三角形幕板实现了没有视觉干扰的顶棚线性照明

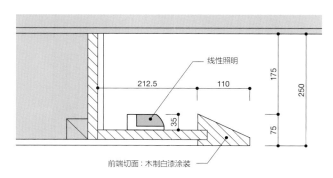

线性照明

212.5　110

175

250

35

75

前端切面：木制白漆涂装

间接照明箱剖面详图（S = 1 : 8）

在和窗齐平的高度设置顶棚，在其前端安装了顶棚线性照明。间接照明箱的高度为250mm，开口尺寸为175mm。幕板的形状为三角形，其不仅能作为光源控制板发挥作用，还能消除视觉上的存在感。

令墙壁充满魅力的檐口照明

照亮墙壁的间接照明被称作"檐口照明"。只要把它安装在视线集中的墙壁上，人的视野里就总是明亮的。

檐口照明最简单的施工方法是以"接缝"的状态挖开顶棚，然后将照明灯具安装在顶棚上。此时，挖掘的深度会决定灯具的外观和光线的传播方式。如果设置错误的话，除了灯具会被完全看到以外，侧面的墙壁上也可能会产生明暗差。

确认挖出的空隙是否能从侧面看到也很重要。从侧面看时，与顶棚的线性照明一样，需要设置幕板来隐藏灯具。

檐口照明还能控制空间中光线的重心。既可以通过提高光源的位置将整个墙壁照射得很明亮，以增加空间的广度；也可以通过降低光源的位置，从而降低光线的重心，营造出令人安心的氛围。

比起顶棚，人们更喜欢观看墙壁，因此檐口照明也会对人的心理产生很大影响。檐口照明需要考虑的要素非常多，当满足所有条件后，就能塑造出近乎"魅惑"的美丽墙面。

×

檐口照明的失败案例。由于照亮了墙上的空调，设备的存在感马上突显出来。

高　光源高度　低

檐口照明可以通过改变光源高度来营造空间氛围。

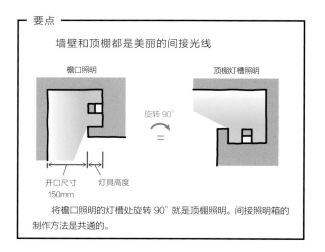

要点

墙壁和顶棚都是美丽的间接光线

檐口照明　　　　　　　　　　　顶棚灯槽照明

旋转 90°
=

开口尺寸　灯具高度
150mm

将檐口照明的灯槽处旋转 90° 就是顶棚照明。间接照明箱的制作方法是共通的。

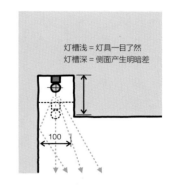

灯槽浅 = 灯具一目了然
灯槽深 = 侧面产生明暗差

挖开顶棚，在顶棚上设置照明灯具的案例。如果灯槽相对于灯具较深的话，侧面的墙壁就会产生明暗差，这点需要特别注意。

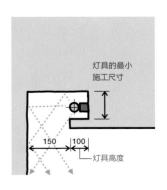

灯具的最小
施工尺寸

灯具高度

挖开顶棚，设置幕板以延长顶棚并安装照明灯具的案例。因为开槽内扩散的光线一直延伸到墙壁，所以不会出现光线突然消失的情况。

通过檐口照明控制光线的重心

　　这是在跃层式的 LDK 中使用檐口照明的案例。间接照明是一列，但是由于地板的高度不同，所以各个部分光线的重心也不同。餐厅和厨房的幕板高度设定为 FL（地面标高）+1600mm，其不仅考虑到站立时视线的高度，也确保了桌面的工作照度。客厅的幕板设置为 FL+800mm，以防止坐在沙发上时感到晃眼，此处光线重心较低，可以使人感到放松。

间接照明的安装需要将幕板（垂壁）设为 150mm，以避免直接看到光源。

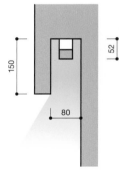

间接照明箱剖面详图（S = 1 : 10）

剖面图（S = 1 : 100）

利用檐口照明整合空间

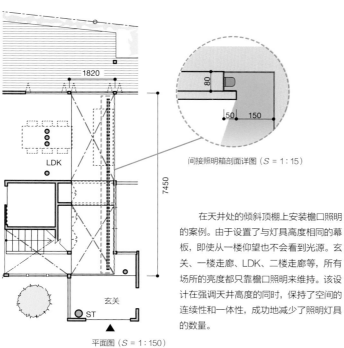

间接照明箱剖面详图（S = 1 : 15）

平面图（S = 1 : 150）

1820

7450

LDK

玄关

ST

80

50   150

在天井处的倾斜顶棚上安装檐口照明的案例。由于设置了与灯具高度相同的幕板，即使从一楼仰望也不会看到光源。玄关、一楼走廊、LDK、二楼走廊等，所有场所的亮度都只靠檐口照明来维持。该设计在强调天井高度的同时，保持了空间的连续性和一体性，成功地减少了照明灯具的数量。

天井间接照明的光和影

经常听到"天井很恐怖"这样的话。当然这里指的是照明设计。

跃层的顶棚高度是通常的两倍，对亮度的不安也会变成两倍。在照明方面似乎也有"恐高症"。

试着用安装在腰壁上方的间接照明来照亮跃层的二层顶棚。从设计图上来看，灯具数量很少的间接照明设计，恐怕会让人对亮度感到不安吧。

但是，高而宽敞的顶棚起到了反射板的作用，它能把柔和的间接光传递到一楼和二楼，从而使跃层产生美丽的照明效果。顶棚保持本来的样子就很美。

正因如此，需要有不让别人看到照明灯具的勇气。但是，如果弄错照明的安装位置，其外观可能就会完全改变。为了同时照亮腰壁和跃层顶棚而安装间接照明，结果，原本以为会变亮的腰壁和顶棚上出现了"意想不到的阴影"，反而导致了黑暗。

明亮的背后一定会伴随着阴影。所以要寻找合适的照明位置，以防出现不自然的建筑阴影。这种对光和影的操控，是消除对天井亮度感到不安的方法。

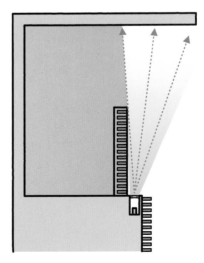

图中为用间接照明照亮天井处腰壁的案例。横格子腰壁本身的灯光很漂亮，但是在二楼的顶棚和走廊上产生了不好看的影子，助长了黑暗。

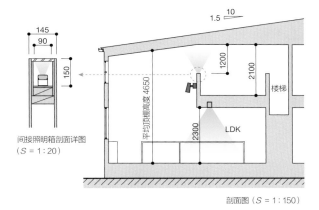

间接照明箱剖面详图
（S = 1 : 20）

剖面图（S = 1 : 150）

从餐厅仰望二楼。二楼的顶棚被间接照明的柔和光线照亮，可以感受到天井处的亮度和高度。

间接照明埋入横木的上端，与顶棚的距离为 1200mm。可以看到光线扩散到整个空间中。

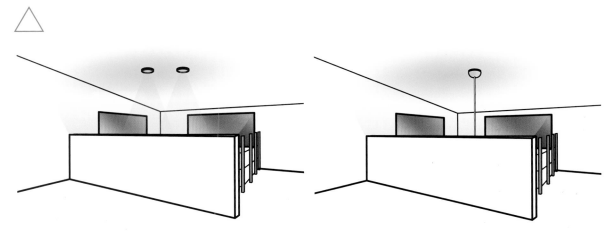

最好不要在顶棚上设置筒灯和吊灯的法兰（一种连接件），即使用间接光照射照明灯具也不美观。

利用天井的建筑化照明

以采光为目的的细长的天井。阳光从天窗照射进来，使室内充满了自然光。那么，晚上是什么样呢？当夜幕从天窗降临，室内的墙面就会变暗。如果不提前试想一下这种"昼夜景色"的逆转，原本采光的地方可能就会变成产生黑暗的地方。

为了和白天一样也能确保晚上的采光，此处运用了天井的构造。并且将线性照明埋入墙壁，使其消失在视线中。

细长的天井因美丽的间接照明而改变姿态，夜幕洒下的黑暗也消失了。

线性照明和受光的墙壁保持着适度的距离，使柔和的光能打到室内。将灯具与建筑构造融为一体，这种只照射光的方法被称为"建筑化照明"。

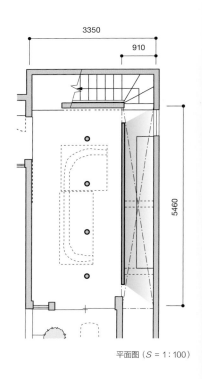

平面图（S = 1 : 100）

[照片：富田英次]

从小小的天井处透出的美丽灯光让客厅给人留下深刻的印象。视线前方的庭院也被"从上到下"的灯光照亮，十分美丽。

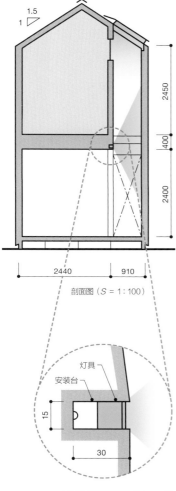

1.5
1

2450

400

2400

2440　910

剖面图（S = 1 : 100）

灯具

安装台

15

30

间接照明箱剖面详图（S = 1 : 2）

　　在设置了天窗的细长天井处（宽910mm）安装线性照明，将天窗作为间接照明的过渡。因为光线能照射到绝大部分墙壁，所以夜晚的明亮感可以说是无可挑剔。

[照片：富田英次]

　　天井处的间接照明采用的是 LED 颗粒极为细小的灯带，由于极为细小，所以只能看到光线。基础照明采用了偏光筒灯，抑制了灯具的存在感和眩目感。

"一室一灯"的建筑化照明

图中的木结构住宅因建筑材料裸露在外的人字形屋顶而给人留下深刻印象。设计者的期望有三点，"不想把照明灯具安装在顶棚上""考虑到业主要求，照明需要足够明亮""照明设计不受家具布局影响"。

因为是小型住宅，所以没有放置照明灯具的余地，我和设计者反复试验之后，终于找到了"像梁一样的照明箱"。照明设计如图所示。

在照明箱的上下部，为分割空间而安装了"线性照明"。向上的间接照明突出了椽的结构美，向下的直接照明则充分地确保了工作照度。

在不足 13m² 的餐厅厨房中，通过提高光线的重心，让空间看起来比实际稍微高一些。上下组合使用"线性照明"，可以确保足够的亮度，满足业主的要求。

这就是与建筑融为一体的"一室一灯"的建筑化照明。

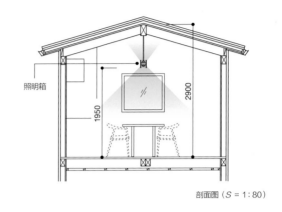

剖面图（$S = 1:80$）

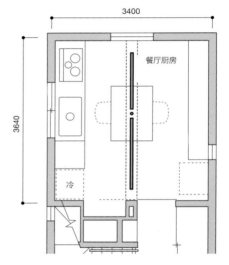

平面图（$S = 1:80$）

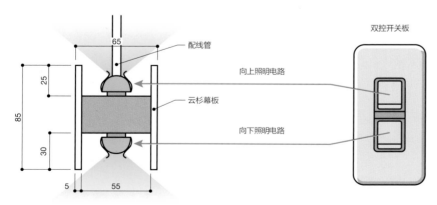

间接照明箱剖面详图（$S = 1:3$）

原创灯的细节。在横梁的上下安装线性照明，用云杉幕板遮住光源，向上的照明电路和向下的照明电路被分开了，有三个场景可供选择。

122

打开上部照明

打开下部照明

[照片：富田英次]

上下照明同时打开

同时点亮吊灯的上下方，使其照亮整个空间。上梁、椽和地板被柔和的光线照亮，通过照射顶棚，突出了天井处的高度，让空间看起来更宽敞。

客厅中的精美家具在昏暗中浮现出来。此时，在住宅中被认为是弱点的黑暗和阴影成为配角，而被灯光照亮的休闲椅和矮桌则作为主角被突显出来。映射的灯光也成为配角，φ50 的偏光筒灯非常小，小到几乎让人忽略它的存在。阳台上也采用偏光筒灯对室外家具进行照射，形成了中间区域。通过给家具打光，把内外连接起来，为客厅营造出宽阔感和高级感。

夜晚的客厅充满了令人舒适的黑暗

上 / 从正面眺望中庭的一楼玄关。通过安装在三楼阳台上的聚光灯照亮庭院，营造出从树叶间射入的斑驳光线。以庭院为背景，在室内用聚光型偏光筒灯，使家具给人留下深刻的印象。

下 / 夹在中庭间的休息室。绿色吊灯的灯光和被照亮的中庭树叶的绿色交相辉映，通过颜色和光线营造出内外的一体感。

上／三楼的户外客厅。通过室外偏光筒灯的聚集光线照亮盆栽和室外家具。由于抑制了室内的亮度，所以户外客厅在玻璃窗上产生了投影，模糊了内外界限。

下／二楼的阳台上通过聚光照亮编织座椅。投影在地板瓷砖上的影子，细致地表现出椅子独特的轻量感和细节，在中间区域演绎出光影交织的夜晚的高级感。

"美丽住宅之光"的先驱者

Team TAKAKI

追求住宅照明的各种可能性的先驱们，即由高木英敏率领的"Team TAKAKI"。13 名设计师一边分享经验和方法，一边磨炼提高各自擅长的领域，不断地提出新的照明方案。住宅照明的历史和未来就在这里。

大阪办公室
高木英敏

大阪办公室
家元亚纪

大阪办公室
花井架津彦

东京办公室
今泉卓也

东京办公室
古川爱子

大阪办公室
富和圣代

东京办公室
田中幸枝

大阪办公室
土井耶香

大阪办公室
安部真由美

东京办公室
山内栞

东京办公室
佐藤遥

东京办公室
吉川史织

大阪办公室（驻广岛）
山本树里

大光电机的插画家

大阪 TACT
西川麻衣子

后记

"希望能在居住空间中，为客人提供高质量的照明。"

怀着这样的心情，我认真地开展了很多照明设计工作。期间，和住宅设计师、室内装饰协调人一起多次前往现场，通过体验实际的光线，从中学到了很多东西。"不是纸上谈兵，我想向读者分享从现场获得的真实住宅灯光现状"。怀着这样的想法，和一直在工作上给予我协助的各位老师一起完成了这本书。

我想借此机会向教授我住宅外部构造和街景的重要性，并以此为契机促成本书创作的川元邦亲老师，以及选择我作为建造房屋合作伙伴的住宅设计者和室内装饰协调员的各位表示感谢。另外，向从建筑行业专业杂志《建筑知识》连载《住宅的照明设计塾》开始，到出版完成为止，一直给予我指导的西山先生表示衷心的感谢。

"好房子要通过好照明来呈现。"

这句话我会铭记于心，今后也会认真努力地做好住宅照明设计。

花井架津彦

（大光电机）

案例提供

一级建筑师事务所NLM
P 31.33.74下.94.97.99.103上.109上.124.125.27

股份有限公司大冢工务店（滋贺）
P48.123

和建设股份有限公司
P121

居住空间设计Labo
P26.27.67

积水住宅株式会社
P42.43.70.71.84.85.101上.105.115.128.129.130.131

东宝家庭股份有限公司
P46.49.75.101下

畑友洋建筑设计事务所
P6.7.8.9.24

近畿株式会社
P16.17.23

三井不动产株式会社
P64

吉川弥志设计工房
P81

股份有限公司Y's design建筑设计室+JA laboratory
P49.88.89.90.91

荻野寿也景观设计

【顺序不同】